W0258734

Die Verbrennungskraftmaschine

Herausgegeben von

Prof. Dr. **Hans List**, Graz

(S p r i n g e r - V e r l a g   i n   W i e n)

Erscheint in 16 Bänden, die in sich abgeschlossen und einzeln käuflich sind

Neu:

Band 9: **Die Steuerung der Verbrennungskraftmaschinen.** Von Prof. Dr. techn. Ing. **A. Pischinger**, Graz. Mit 269 Abbildungen, VII, 240 Seiten. 1948.
In Österreich S 120.—; im Ausland sfr. 60.—

In neuen Auflagen:

Band 8, Teil 2: **Die Dynamik der Verbrennungskraftmaschine.** Von Prof. Dr.-Ing. **H. Schrön**, München. Z w e i t e, verbesserte Auflage. Mit 187 Abbildungen. VIII, 201 Seiten. 4⁰. 1948.
In Österreich S 72.—; im Ausland sfr. 36.—

Band 12: **Ortsfeste und Schiffsdieselmaschinen.** Von Obering. **F. Mayr**, Augsburg. Z w e i t e, unveränderte Auflage. Mit 318 Abbildungen. VIII, 330 Seiten. 4⁰. 1948.
In Österreich S 128.—; im Ausland sfr. 64.—

Im Herbst 1948 erscheinen:

Band 1, Teil 1: **Betriebsstoffe.** Von Priv.-Doz. Dr. **A. Philippovich**, Wien. Z w e i t e, neubearbeitete Auflage.

Band 4, Teil 1: **Der Ladungswechsel.** Allgemeine Grundlagen. Von Prof. Dr. **H. List**, Graz, und Dr. **G. Reyl**, Graz.

Band 4, Teil 2: **Der Ladungswechsel.** Zweitakt. Von Prof. Dr. **H. List**, Graz.

Band 10: **Das Triebwerk schnellaufender Verbrennungskraftmaschinen.** Von Obering. **H. Kremser**, Köln-Deutz. Z w e i t e, neubearbeitete Auflage.

In Vorbereitung befinden sich und werden im Laufe der Jahre 1949/1950 erscheinen, so daß das Werk dann vollständig vorliegt:

Band 1, Teil 2: **Gaserzeuger** (Generatoren, Fahrzeugmotoren). Von Prof. Dr. **H. List**, Graz, und Obering. **K. Schmidt**, Köln-Deutz. Z w e i t e, neubearbeitete Auflage.

Band 2, Teil 1: **Thermodynamik und Verlustteilung der Kolbenverbrennungskraftmaschine.** Von Prof. Dr. **H. List**, Graz. Z w e i t e, neubearbeitete Auflage.

Band 2, Teil 2: **Thermodynamik der Gasturbine.** Von Prof. Dr. **H. List**, Graz, und Dr. **O. Herschmann**, Graz.

Band 3: **Wärmeübergang.** Von Prof. Dr. **H. List**, Graz, und Prof. Dr. **A. Pischinger**, Graz.

Band 4, Teil 3: **Der Ladungswechsel.** Viertakt. Von Prof. Dr. **H. List**, Graz.

Band 5: **Die Gasmaschine.** Z w e i t e Auflage, gänzlich neubearbeitet von Dr. **M. Leiker**, Köln-Deutz.

Band 6: **Gemischbildung im Verbrennungsmotor.** Von Prof. Dr. **L. Richter**, Wien.

Band 7: **Gemischbildung im Dieselmotor.** Von Prof. Dr. **A. Pischinger**, Graz. Z w e i t e, neubearbeitete Auflage.

Band 8, Teil 1: **Konstruktive Grundlagen der Verbrennungskraftmaschine.** Lager und Schmierung Von Dr. **A. Klemencic**, Graz. — Werkstoff und Festigkeit. Von Dr. **A. Slattenschek**, Graz.

Band 11: **Der Aufbau schnellaufender Verbrennungskraftmaschinen.** Von Obering. **H. Kremser**, Graz. Z w e i t e, neubearbeitete Auflage.

Band 13: **Flugmotoren.**

Band 14: **Betriebszahlen, Verschleiß und Wirtschaftlichkeit der Verbrennungskraftmaschine.** Von Dr.-Ing. **C. Englisch**, Neckarsulm. Z w e i t e, neubearbeitete Auflage.

Band 15: **Hilfsmaschinen der Verbrennungskraftmaschine mit besonderer Berücksichtigung der Strömungsmaschinen** (Abgasturbinen, Gebläse usw.). Von Prof. Dr.-Ing. **E. Niedermayer**, Graz.

Band 16: **Die Gasturbine.**

Verbrennungsmotoren-Lehrbilder

aus

H. List
Die Verbrennungskraftmaschine

gesammelt von

Ludwig Richter
Wien

Mit 153 Textabbildungen

Wien
Springer-Verlag
1948

ISBN 978-3-211-80076-8   ISBN 978-3-7091-5949-1 (eBook)
DOI 10.1007/978-3-7091-5949-1

Verzeichnis der Abbildungen.

Als Ersatz für die lange vergriffenen „Konstruktionen aus dem Öl- und Gasmaschinenbau" wurden die folgenden Lehrbilder aus dem Sammelwerke des Springer-Verlages Wien „Die Verbrennungskraftmaschine", herausgegeben von Hans List, gewählt. Sie stellen hauptsächlich ganze Motoren dar; Einzelheiten und ausführliche Beschreibungen enthalten die folgenden Hefte des Sammelwerkes:

Heft 5. Schnürle, A.: Die Gasmaschine. Wien 1939.

Heft 11. Kremser, H.: Der Aufbau schnellaufender Verbrennungskraftmaschinen für Kraftfahrzeuge und Triebwagen. Wien 1942.

Heft 12. Mayr, F.: Ortsfeste und Schiffsdieselmotoren. Wien 1943.

Kraftrad- und Flugmotorenbilder werden im Zusammenhange mit Lists Sammelwerk für eine spätere Ausgabe vorbereitet.

Bei jeder Abbildung ist durch Angabe von Band- und Abbildungsnummer auf das Sammelwerk hingewiesen.

Abkürzungen.

Bd.	Band.
Abb.	Abbildung.
Diesel	Dieselmotor.
Kfz	Kraftfahrzeug.
z	Zylinderzahl.
D	Zylinderbohrung in mm.
s	Kolbenhub in mm.
N	Nutzleistung in PS; für Schiffs-, Triebwagen-, Lokomotiv- und ortsfeste Motoren ist es die Dauerleistung, für Kraftfahrzeugmotoren die Kurzleistung.
n	Drehzahl je min bei der Leistung N.
Adler	Adler-Werke vorm. H. Kleyer A.-G.
BMW	Bayrische Motorenwerke A.-G.
Borgward	Carl F. W. Borgward.
Breslau	Fahrzeug- und Maschinenwerke Breslau G. m. b. H., Breslau.
Buckau	Maschinenfabrik Buckau, R. Wolf A.-G., Magdeburg.
Burmeister	Burmeister und Wain S.-G., Kopenhagen.
Büssing	Büssing-NAG Vereinigte Nutzkraftwagen A.-G.
DB	Daimler-Benz A.-G., Untertürkheim.
Demag	Deutsche Maschinenfabrik A.-G., Duisburg (Demag).
Deutz	Klöckner-Humboldt-Deutz A.-G., Köln-Deutz.
DWK	Deutsche Werke, Kiel A.-G.
Erhardt	Maschinenbau A.-G. vormals Erhardt und Sehmer, Saarbrücken.
Fiat	Fiat-Werke A.-G., Turin.
	Fiat Stabilemento Grandi Motori, Turin.
Ganz	Ganz und Co. A.-G., Budapest.
Güldner	
Hercules	Hercules Motors Corp., Canton, Ohio, USA.
Krupp	Friedr. Krupp Germaniawerft A.-G., Kiel-Gaarden.
MAN	Maschinenfabrik Augsburg-Nürnberg A.-G.
Maybach	Maybach Motorenbau G. m. b. H., Friedrichshafen.
Modaag	Motorenfabrik Darmstadt A.-G.
MWM	Motorenwerke Mannheim A.-G., vorm. Benz, Mannheim.
Nordberg	Nordberg Manufacturing Co., Milwaukee, USA.
Reichsbahn	Deutsche Reichsbahn.
Saurer	Österreichische Saurer Werke A.-G., Wien.
Schichau	F. Schichau G. m. b. H., Elbing.
Siegener	Siegener Maschinenbau A.-G.
Simmeringer	Simmeringer Maschinen- und Waggonbau A.-G., Wien.
Steyr	Steyr-Daimler-Puch A.-G.
Sulzer	Gebr. Sulzer A.-G., Winterthur.
Tatra	Ringhoffer Tatrawerke A.-G.
Wumag	Waggon- und Maschinenbau A.-G., Görlitz.

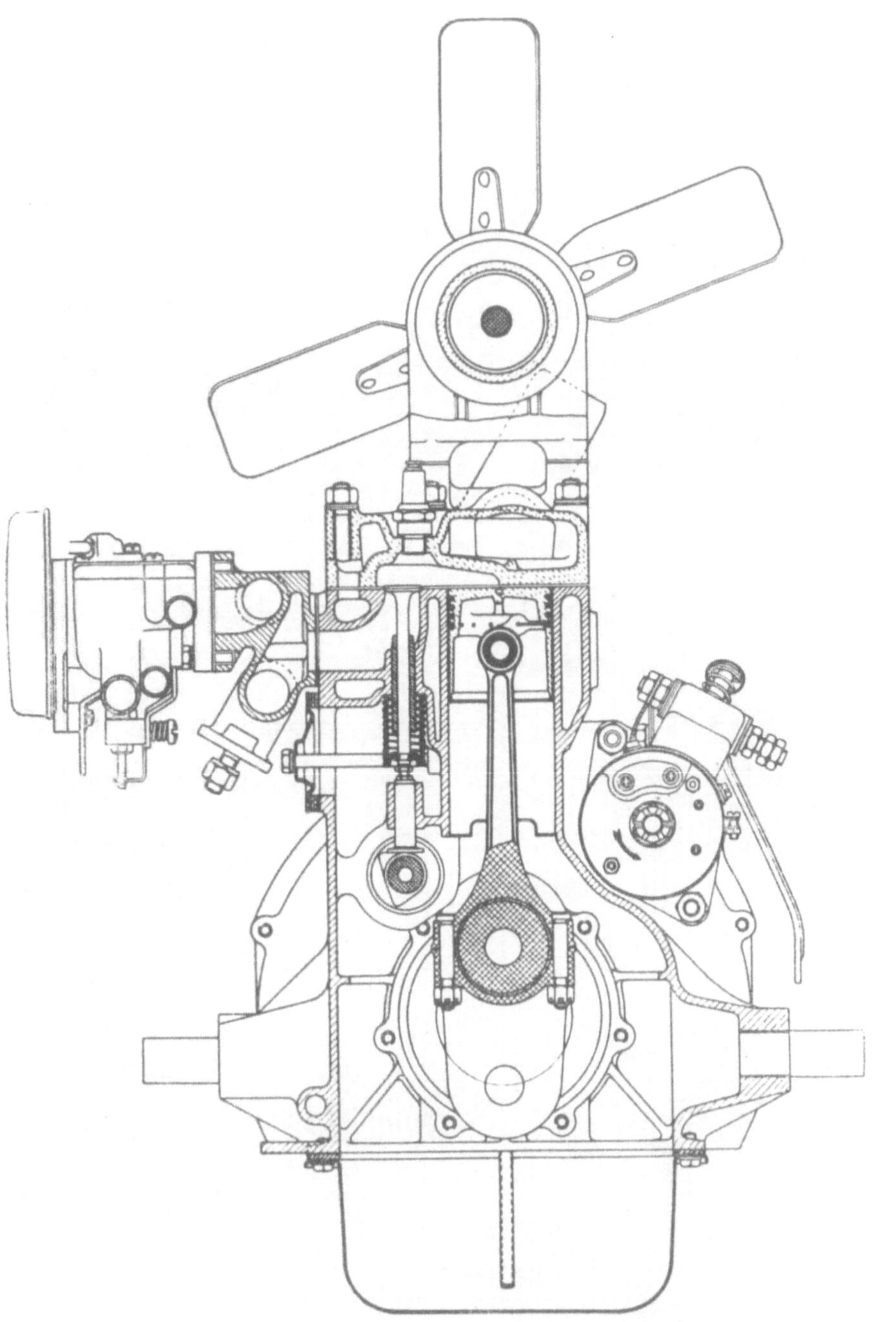

Abb. 1. Fiat-Viertakt-Kfz-Ottomotor.
$z = 4$, $D = 52$, $s = 67$, $N = 13$, $n = 4000$.
(Bd. 11, Abb. 144.)

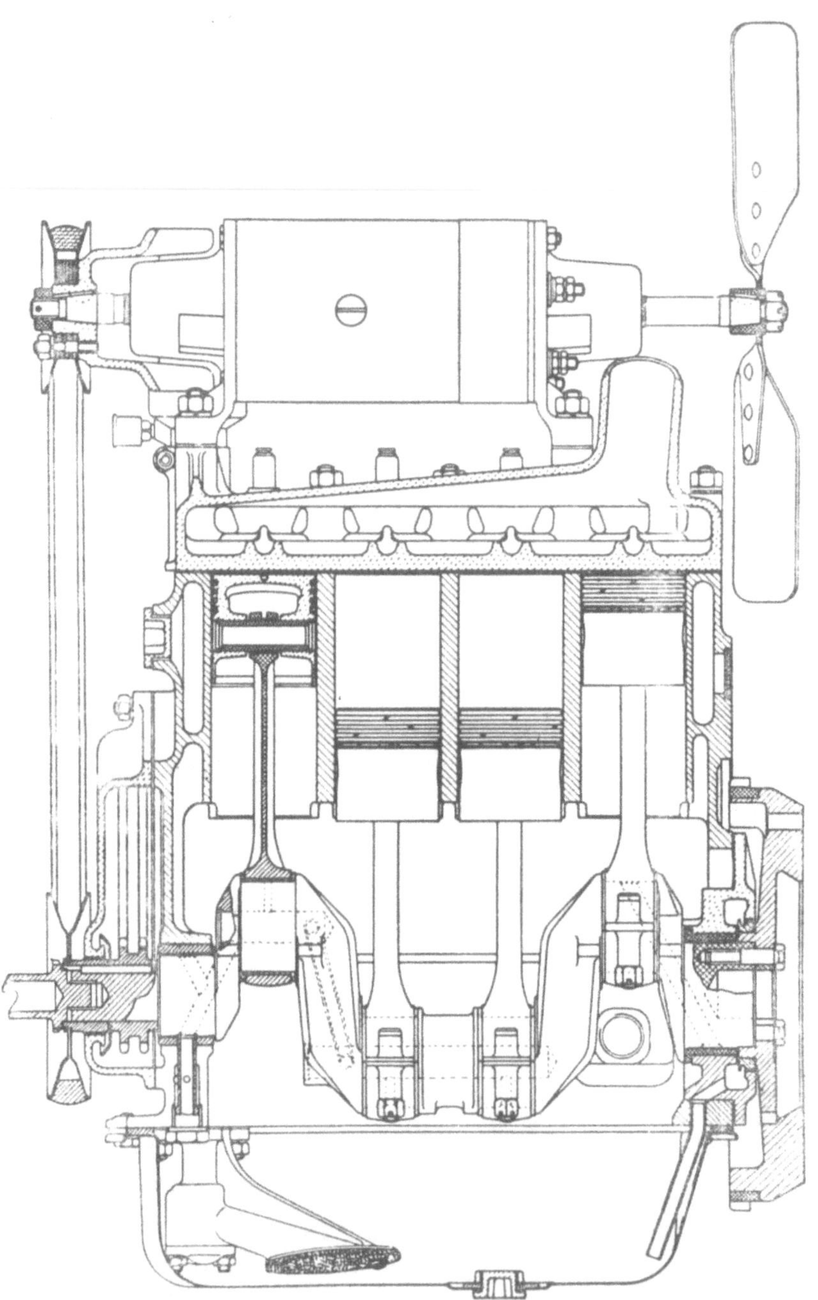

Abb. 2. Zu Abb. 1.
(Bd. 11, Abb. 145.)

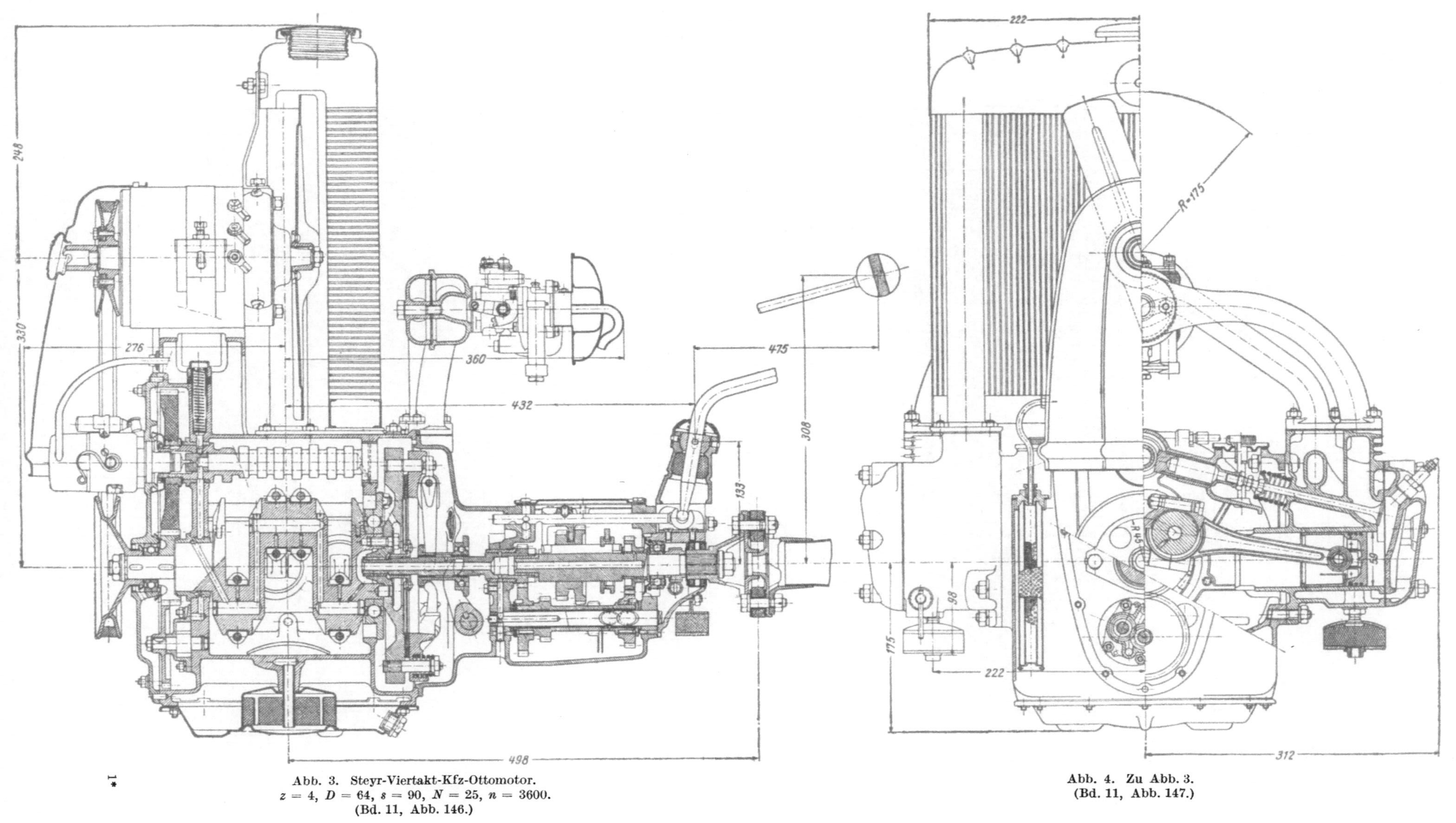

Abb. 3. Steyr-Viertakt-Kfz-Ottomotor.
$z = 4$, $D = 64$, $s = 90$, $N = 25$, $n = 3600$.
(Bd. 11, Abb. 146.)

Abb. 4. Zu Abb. 3.
(Bd. 11, Abb. 147.)

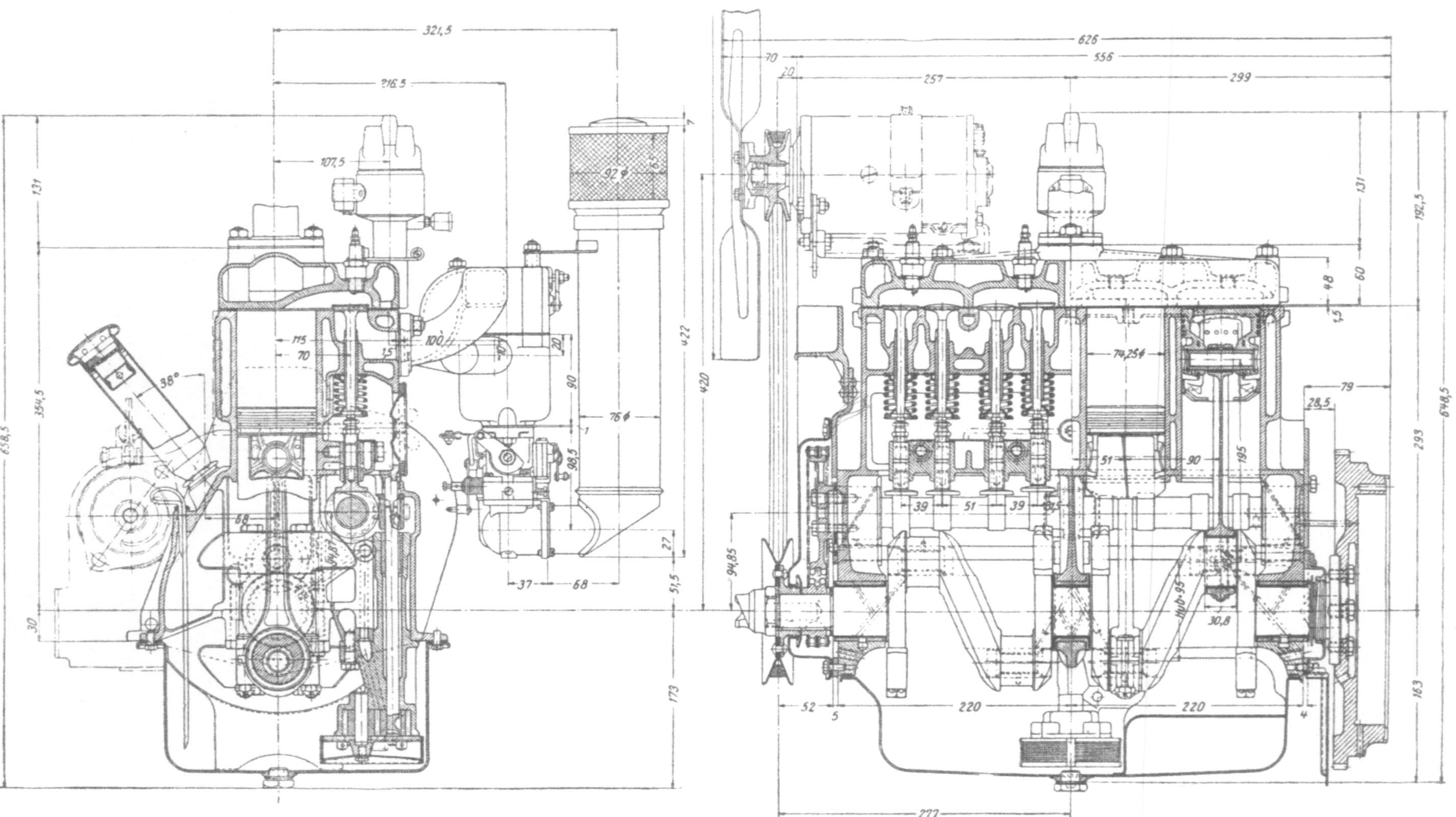

Abb. 5. Adler-Viertakt-Kfz-Ottomotor.
z = 4, D = 74,25, s = 95,00, N = 38, n = 3800.
(Bd. 11, Abb. 148.)

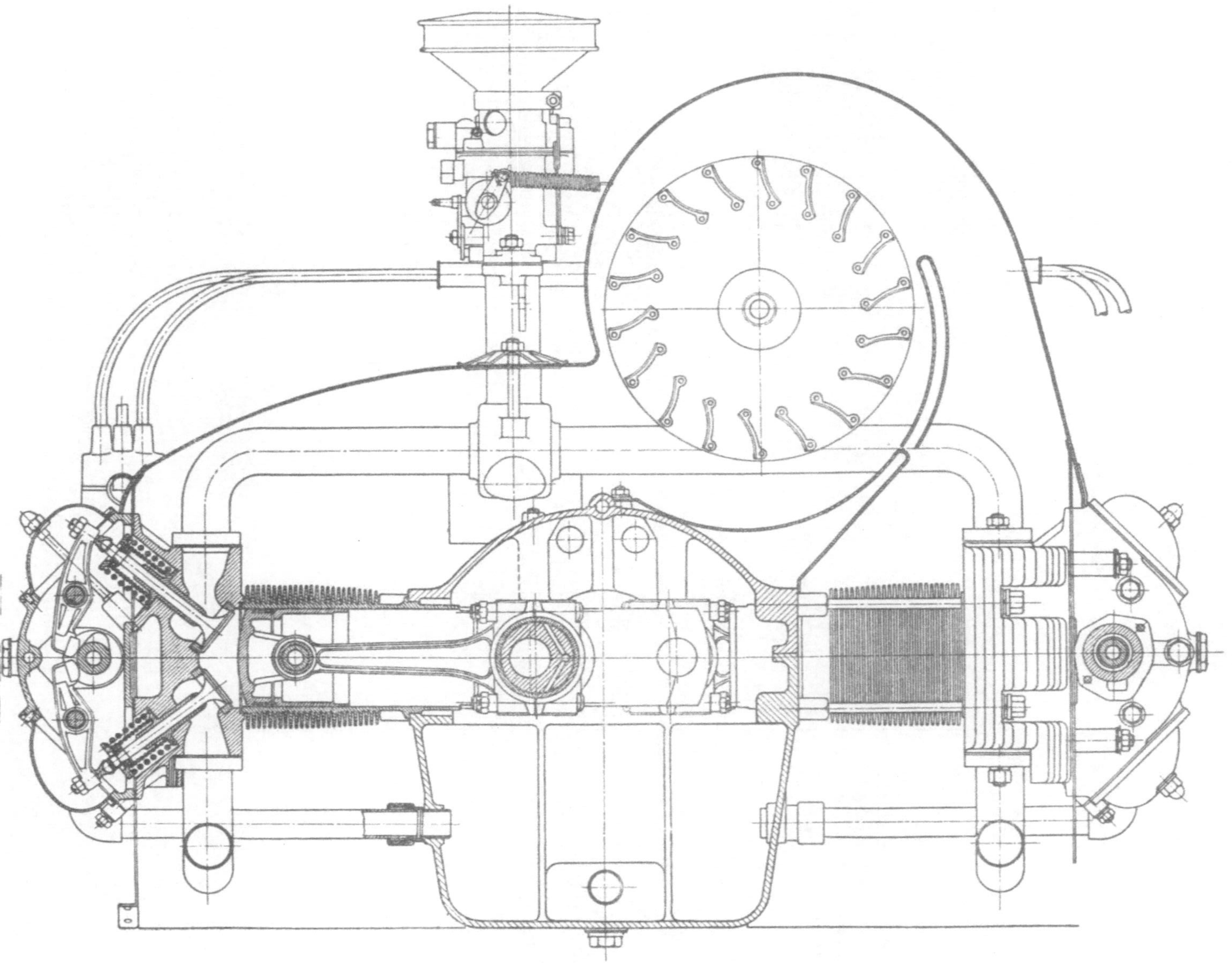

Abb. 6. Tatra-Viertakt-Kfz-Ottomotor.
$z = 4$, $D = 75$, $s = 99$, $N = 45$, $n = 3500$.
(Bd. 11, Abb. 149.)

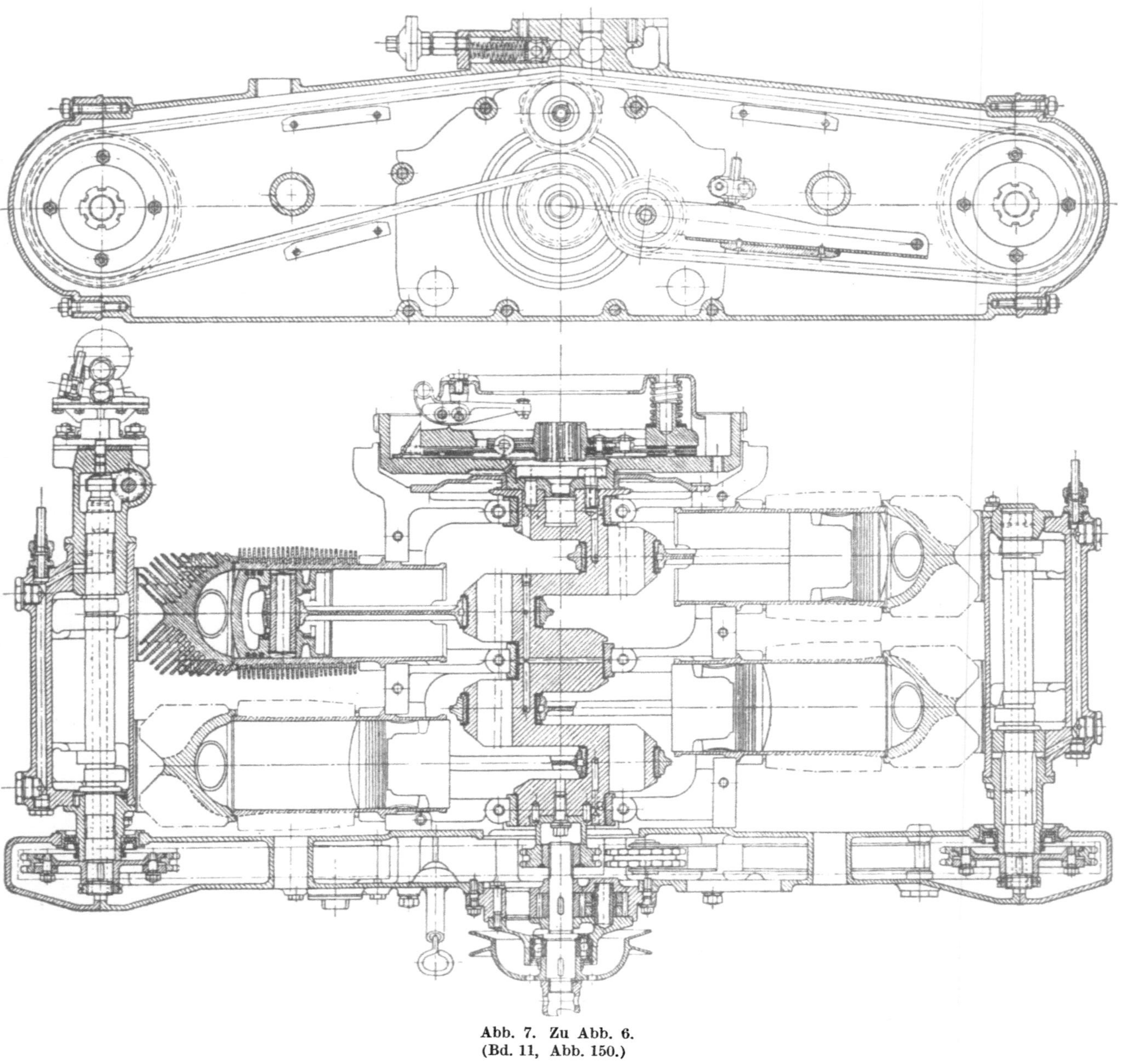

Abb. 7. Zu Abb. 6.
(Bd. 11, Abb. 150.)

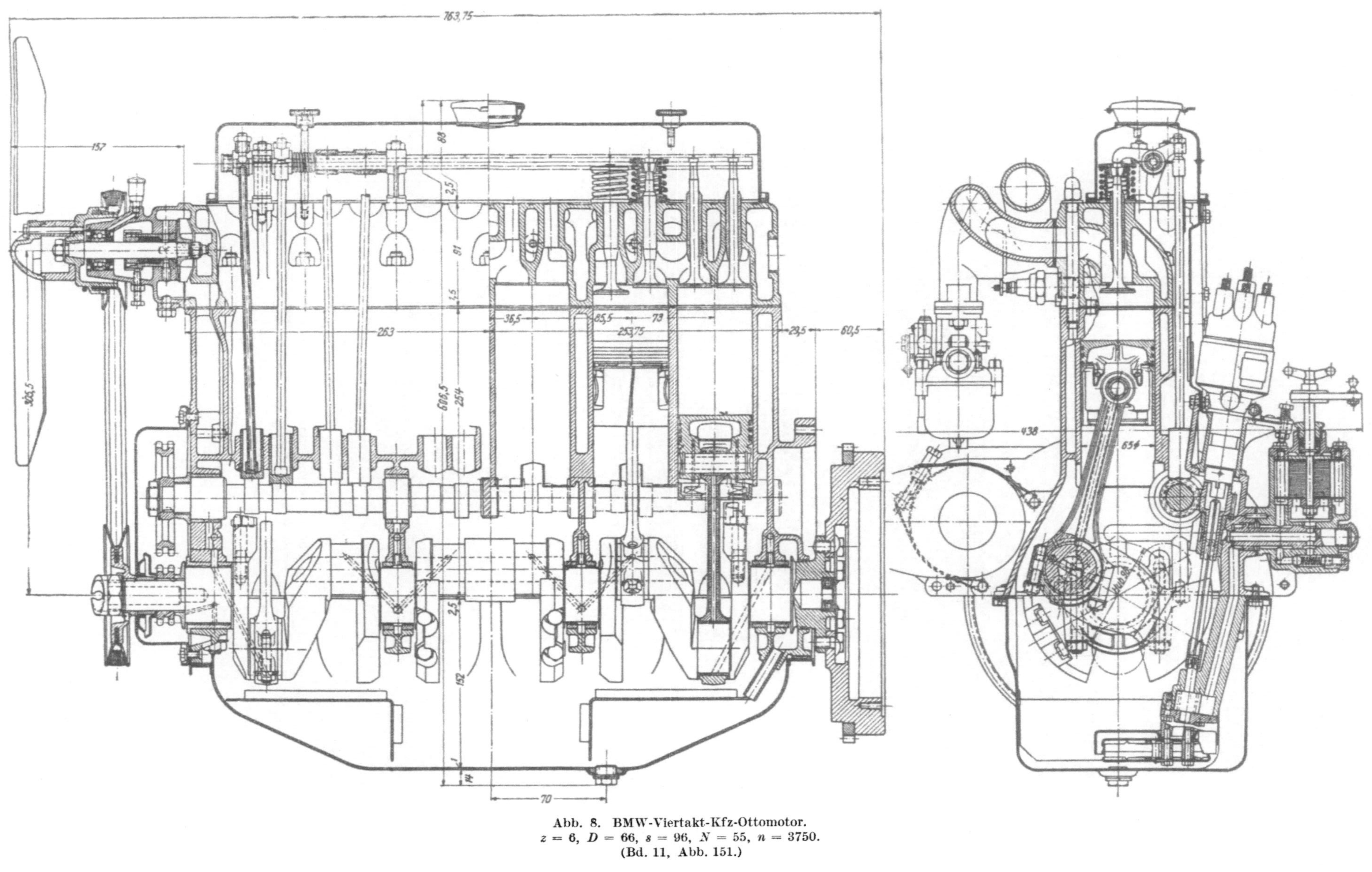

Abb. 8.   BMW-Viertakt-Kfz-Ottomotor.
$z = 6$, $D = 66$, $s = 96$, $N = 55$, $n = 3750$.
(Bd. 11, Abb. 151.)

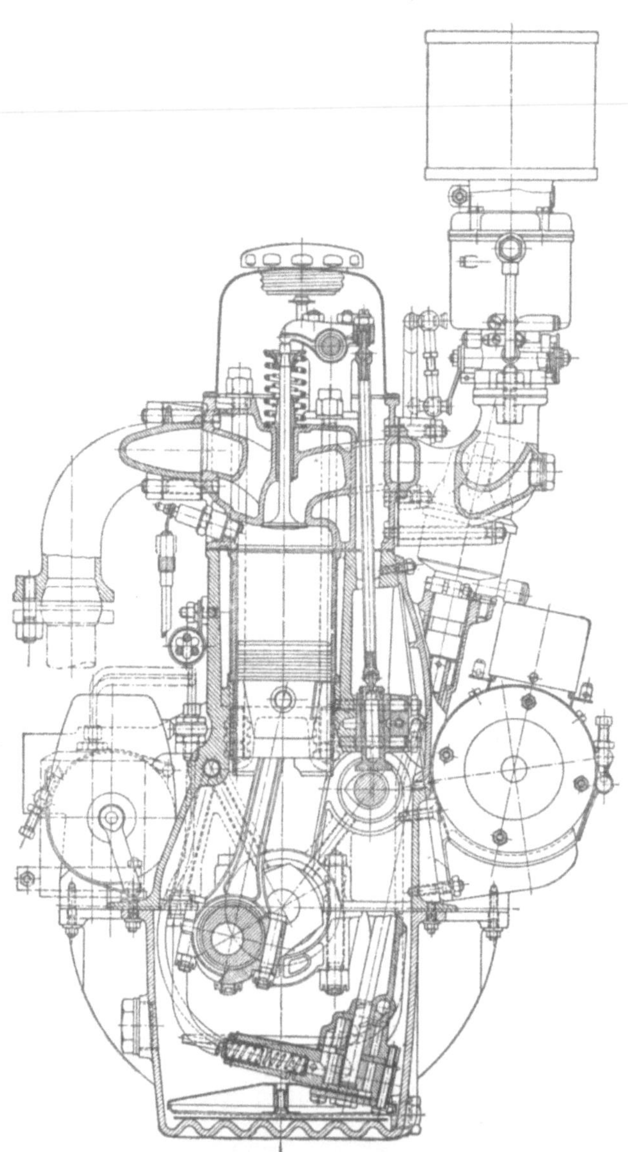

Abb. 9. Steyr-Viertakt-Kfz-Ottomotor.
$z = 6$, $D = 73$, $s = 90$, $N = 55$, $n = 3800$.
(Bd. 11, Abb. 152.)

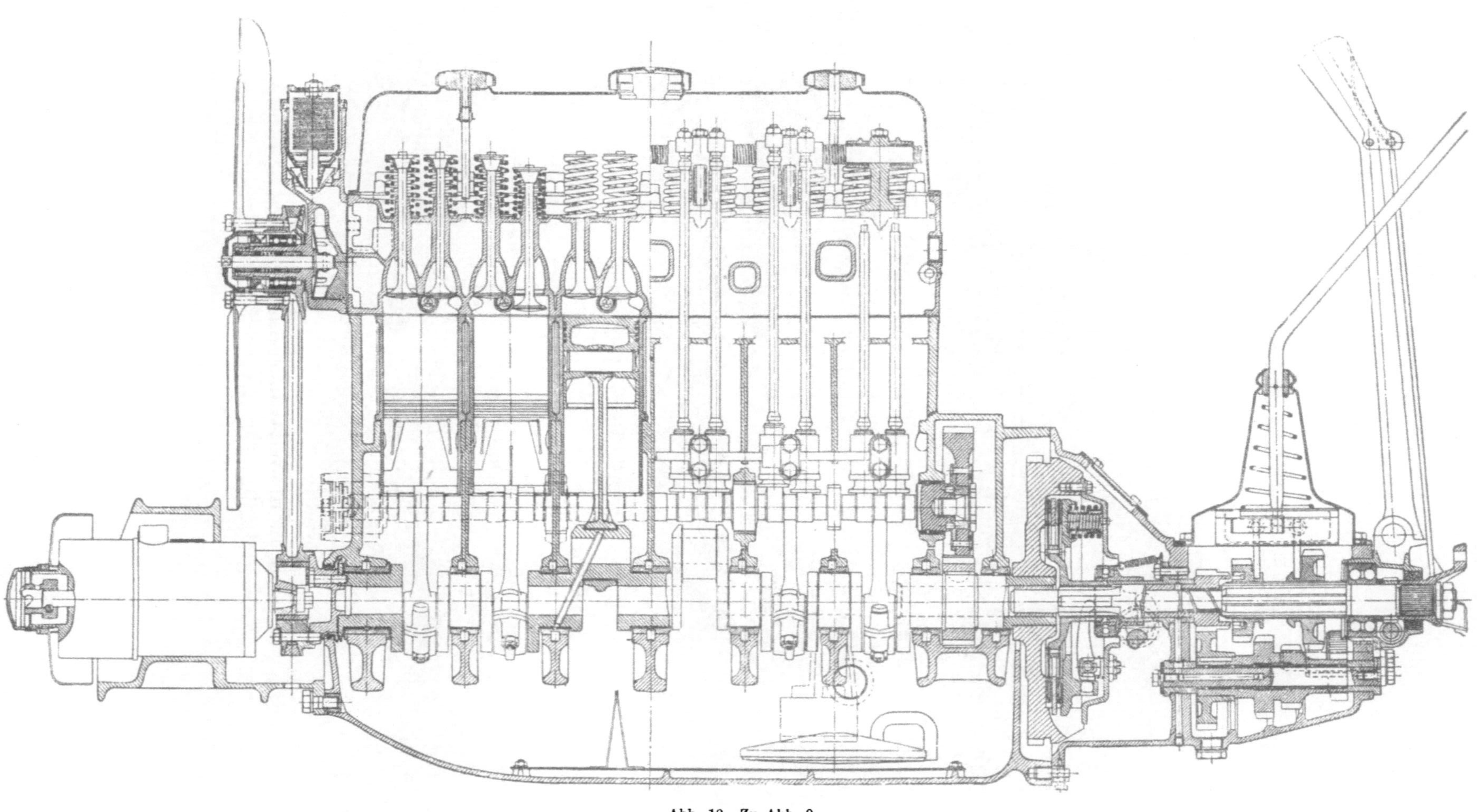

Abb. 10. Zu Abb. 9.
(Bd. 11, Abb. 153.)

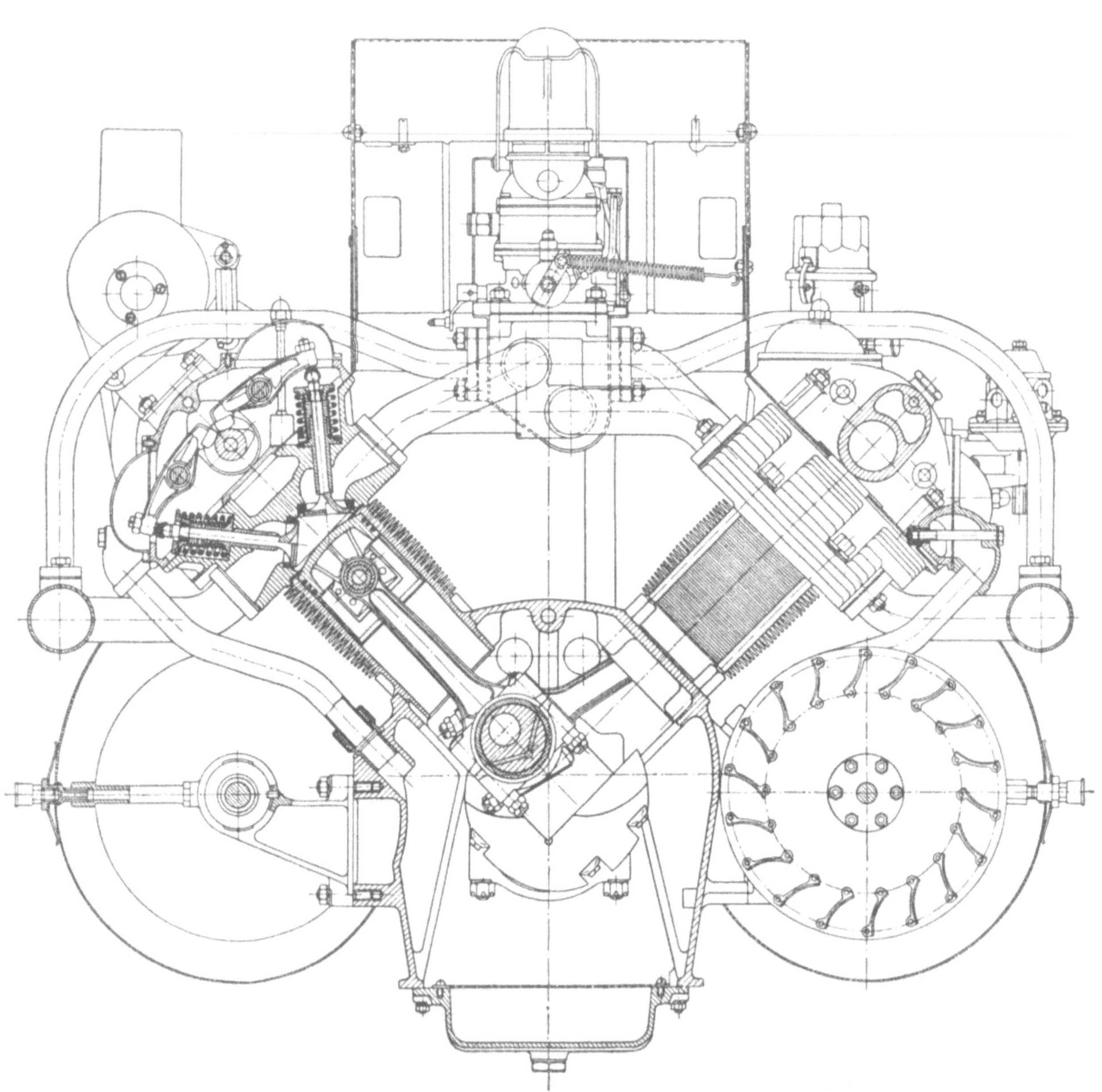

Abb. 11. Tatra-Viertakt-Kfz-Ottomotor.
$z = 8$, $D = 75$, $s = 84$, $N = 75$, $n = 3600$.
(Bd. 11, Abb. 154.)

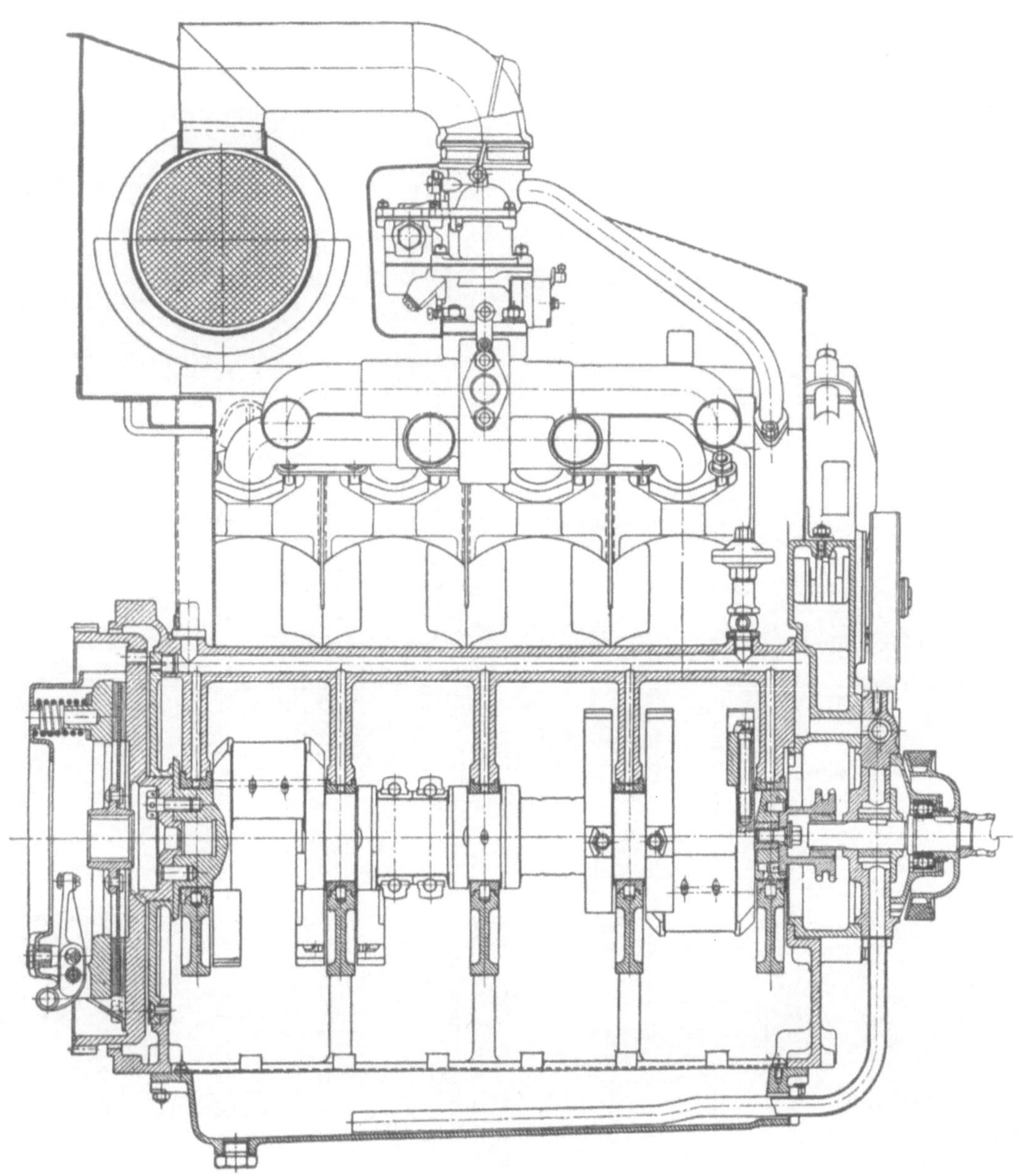

Abb. 12. Zu Abb. 11.
(Bd. 11, Abb. 155.)

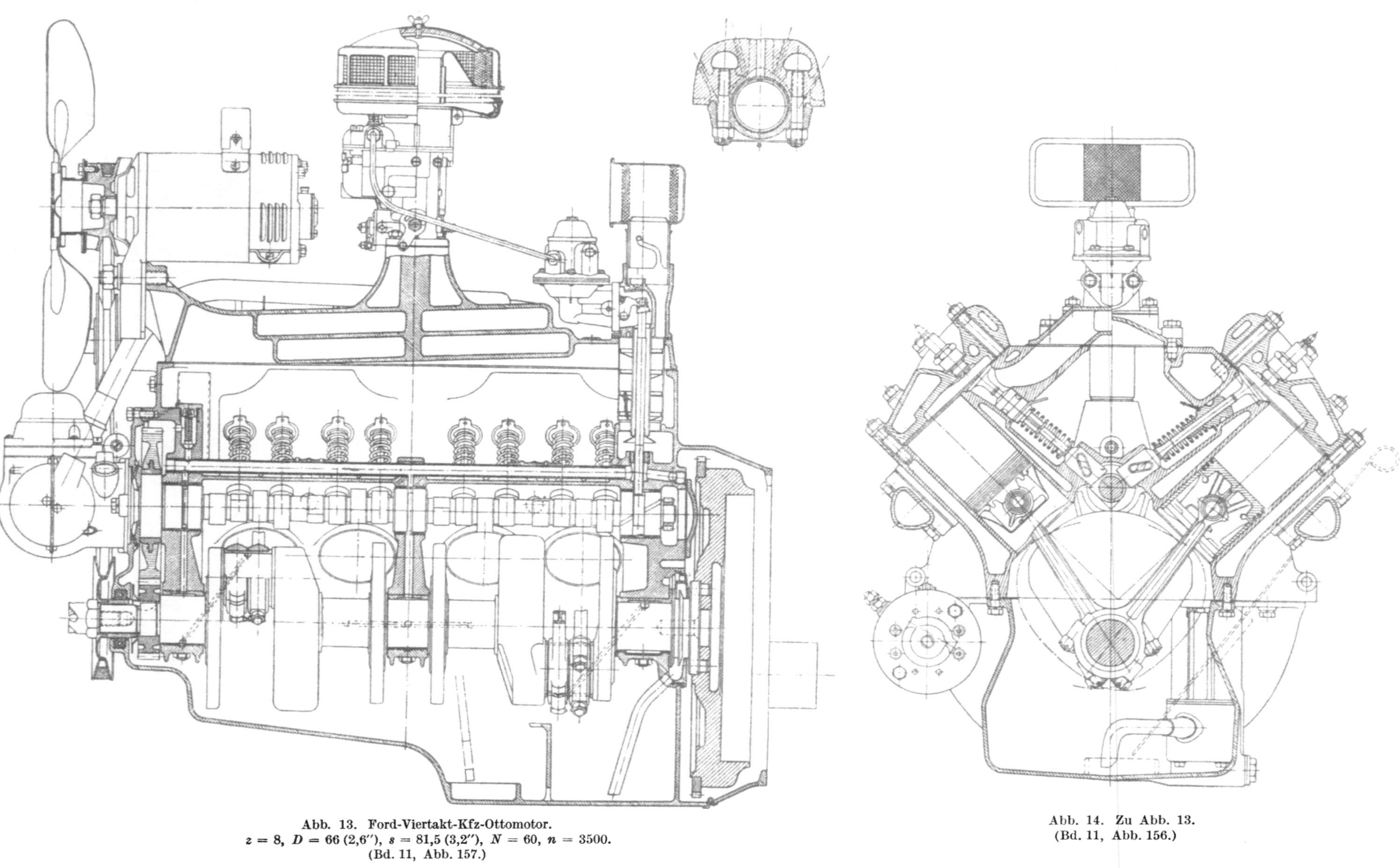

Abb. 13. Ford-Viertakt-Kfz-Ottomotor.
$z = 8$, $D = 66\,(2{,}6'')$, $s = 81{,}5\,(3{,}2'')$, $N = 60$, $n = 3500$.
(Bd. 11, Abb. 157.)

Abb. 14. Zu Abb. 13.
(Bd. 11, Abb. 156.)

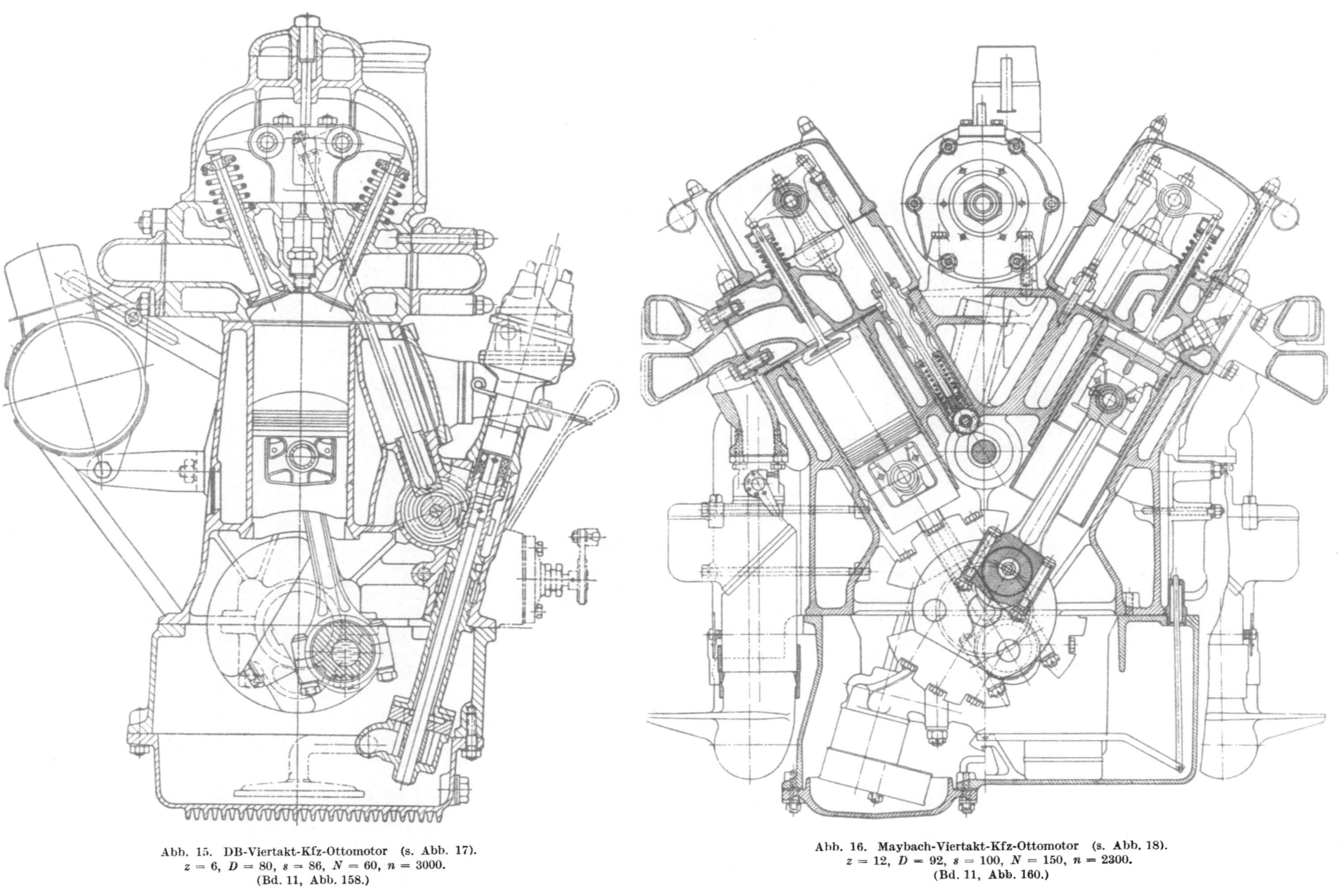

Abb. 15. DB-Viertakt-Kfz-Ottomotor (s. Abb. 17).
$z = 6$, $D = 80$, $s = 86$, $N = 60$, $n = 3000$.
(Bd. 11, Abb. 158.)

Abb. 16. Maybach-Viertakt-Kfz-Ottomotor (s. Abb. 18).
$z = 12$, $D = 92$, $s = 100$, $N = 150$, $n = 2300$.
(Bd. 11, Abb. 160.)

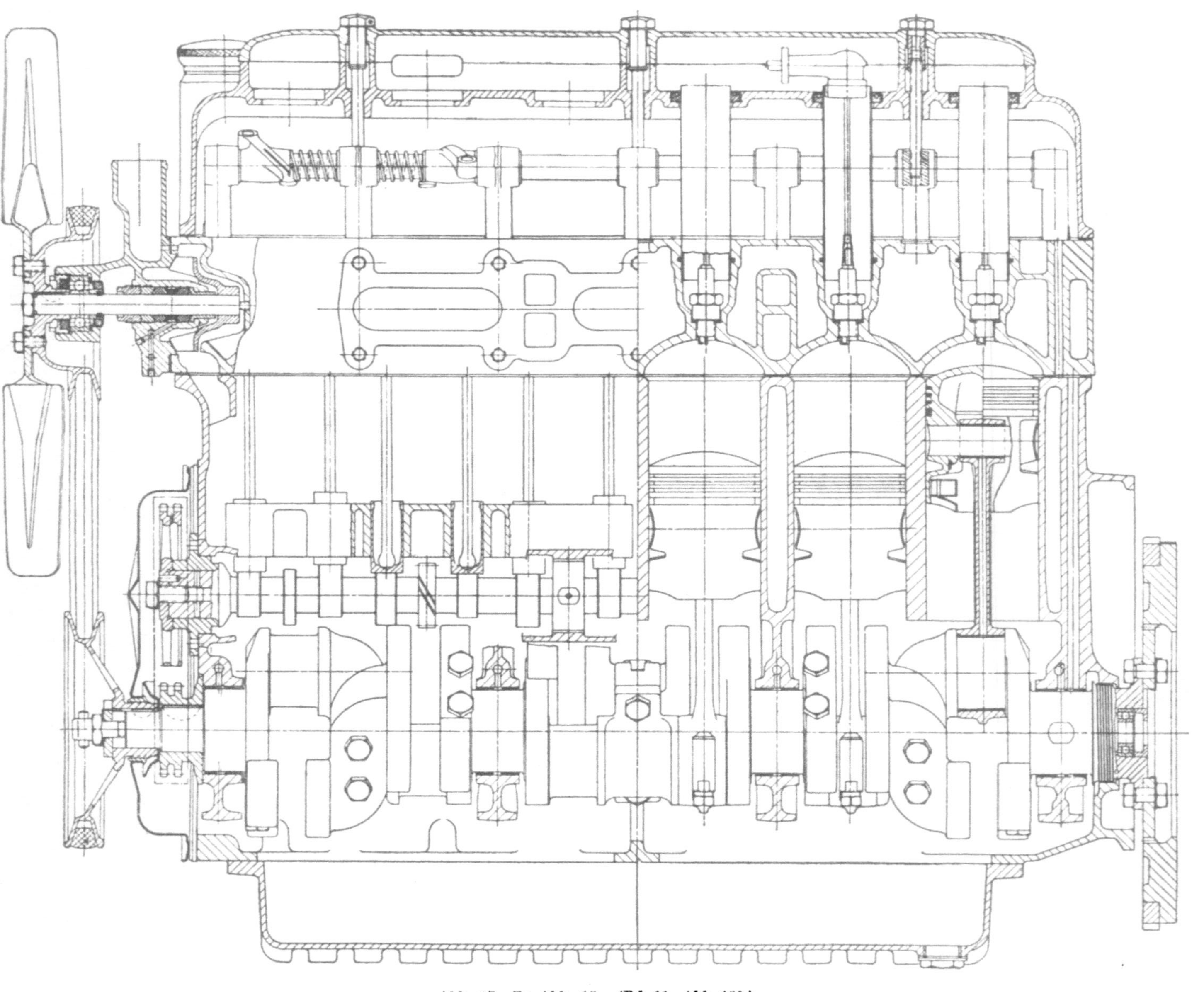

Abb. 17. Zu Abb. 15. (Bd. 11, Abb. 159.)

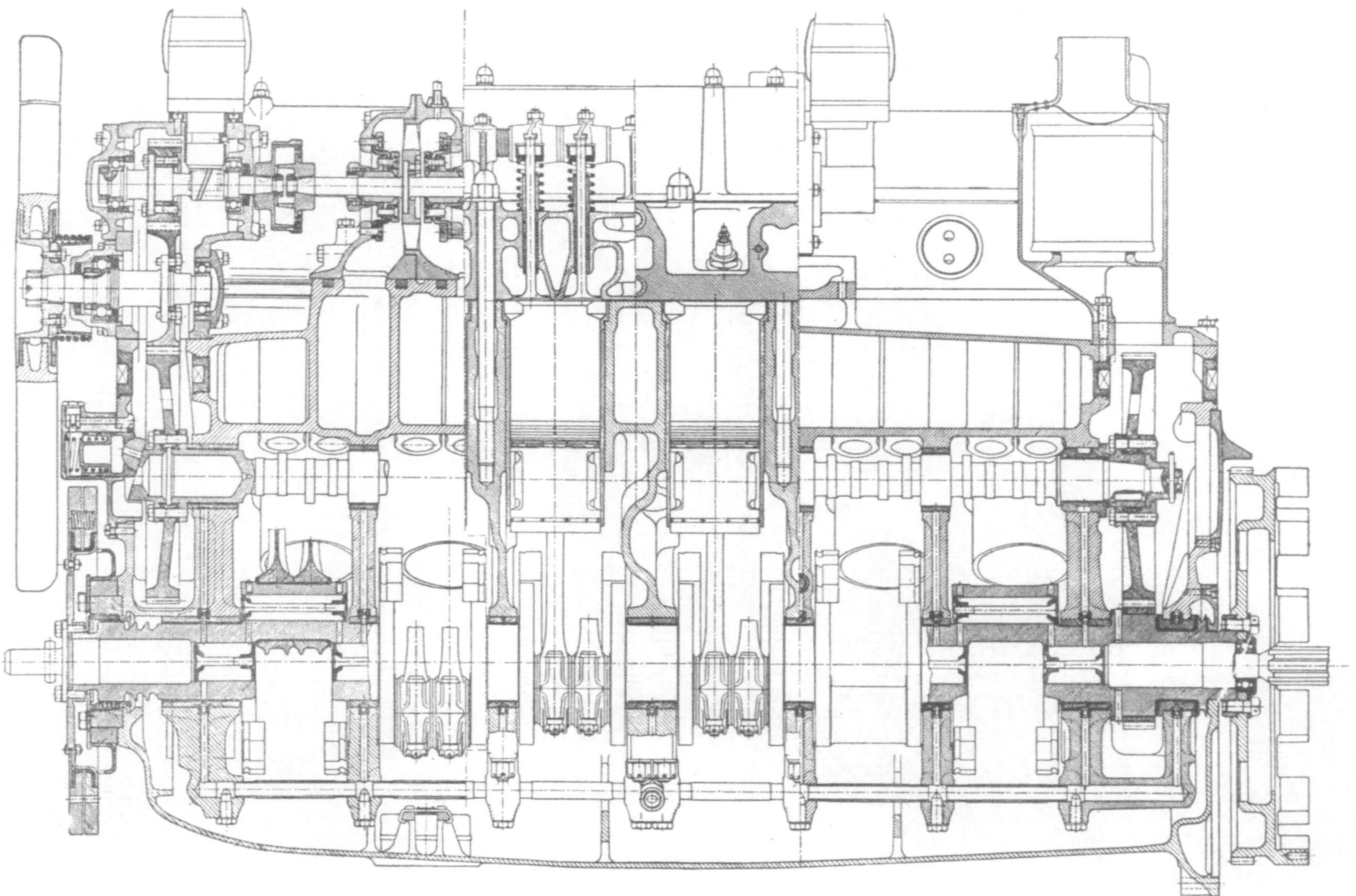

Abb. 18. Zu Abb. 16. (Bd. 11, Abb. 161.)

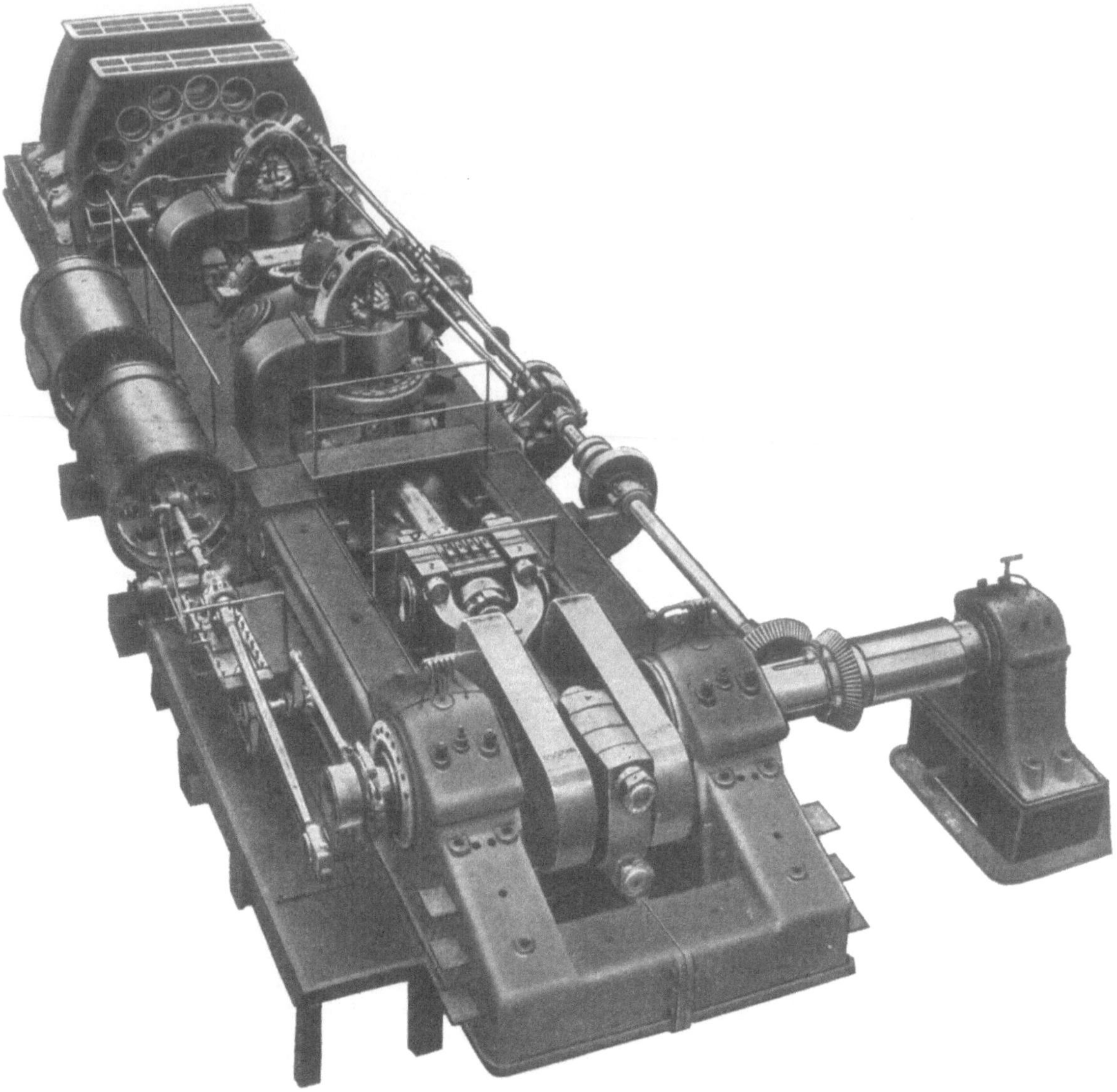

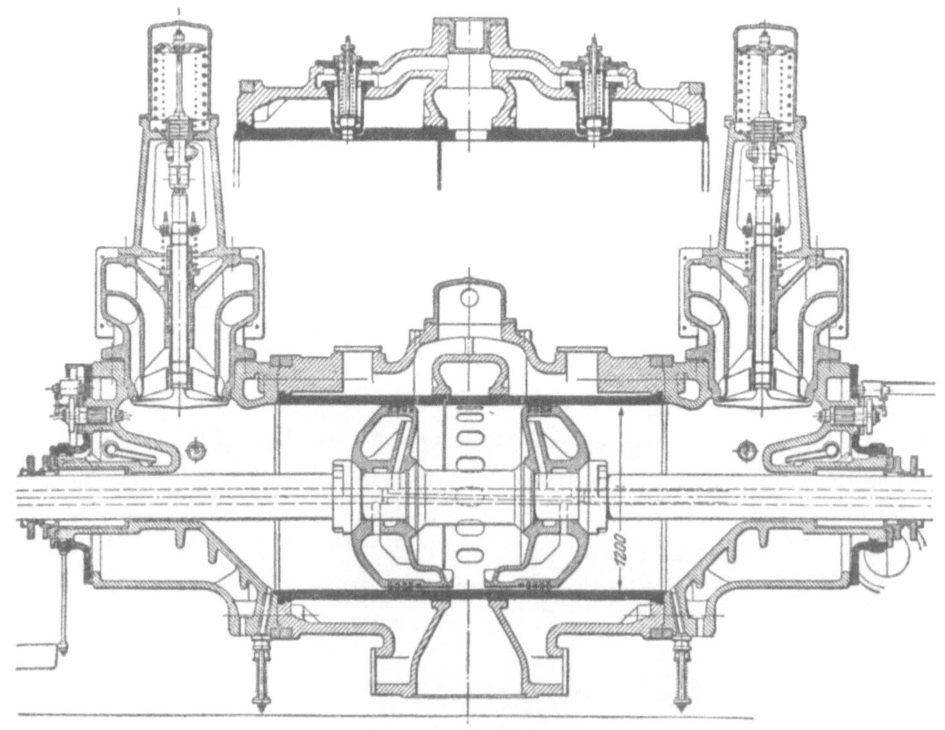

Abb. 19. Siegener-Zweitakt-Großgasmaschine.   (Bd. 5, Abb. 123.)

Abb. 20. Zu Abb. 19.   (Bd. 5, Abb. 124.)

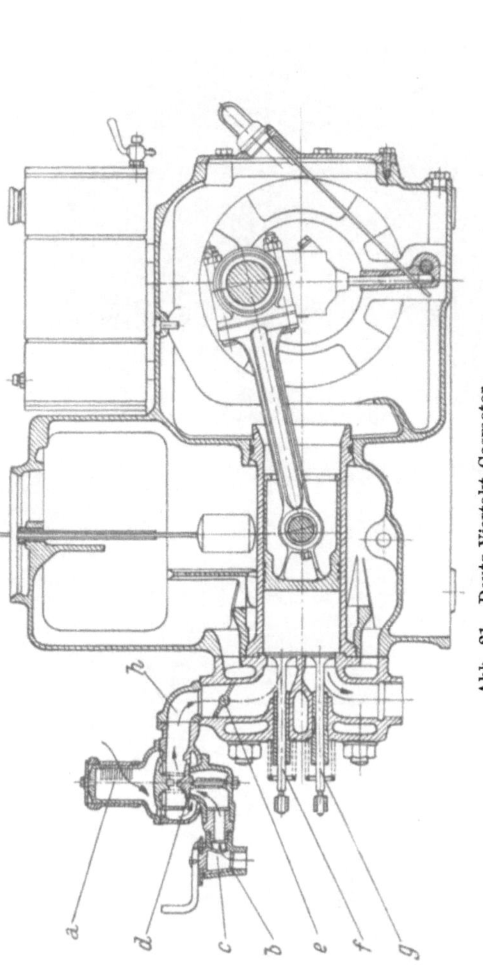

Abb. 21. Deutz-Viertakt-Gasmotor.

a Luftregelung, *b* Drosselscheibe für Gas, *c* Gashahn, *d* Mischventilplatte für Gas und Luft, *e* vom Regler verstellbare Gemisch-Drosselklappe, *f* Einlaßventil, *g* Auslaßventil, *h* Gemischleitung. (Bd. 5, Abb. 56.)

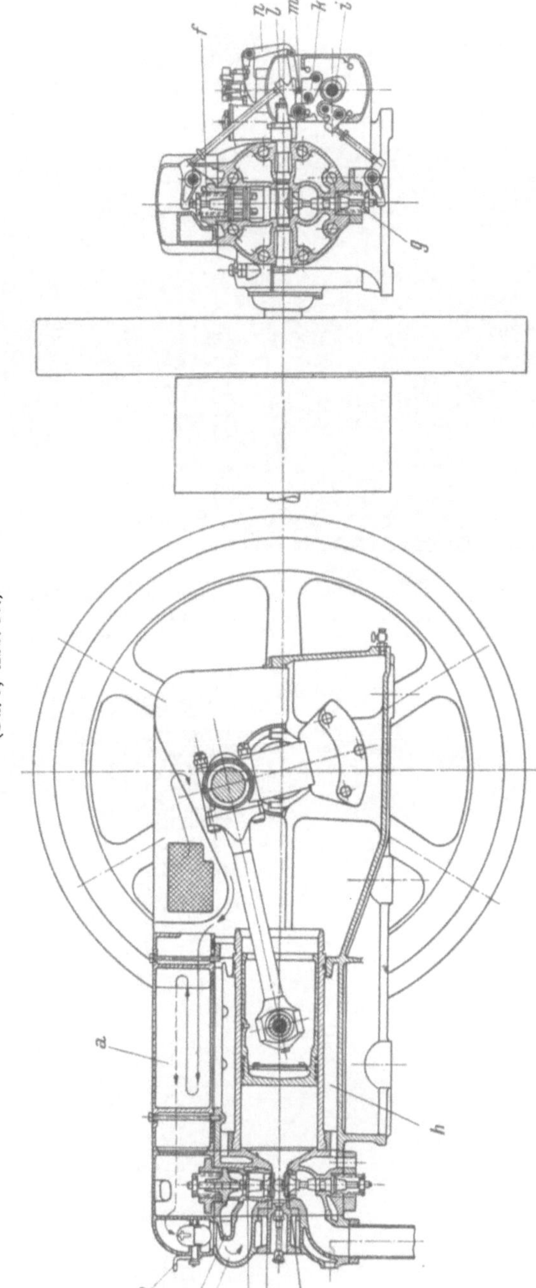

Abb. 22. Deutz-Viertakt-Gasmotor.

a Ansaugleitung, *b* Luftdrossel, *c* Luftzuleitung, *d* Gaszuleitung, *e* Gasventil, *f* Einlaßventil, *g* Auslaßventil, *h* Kühlwasserraum, *i* Steuerwelle, *k* Nockenhebel, *l* Hebel, *m* Rolle, *n* Regulierhebel. (Bd. 5, Abb. 60.)

Abb. 23. Deutz-Viertakt-Gasmotor.
$D = 570$, $s = 700$, $N = 700$.
(Bd. 5, Abb. 62.)

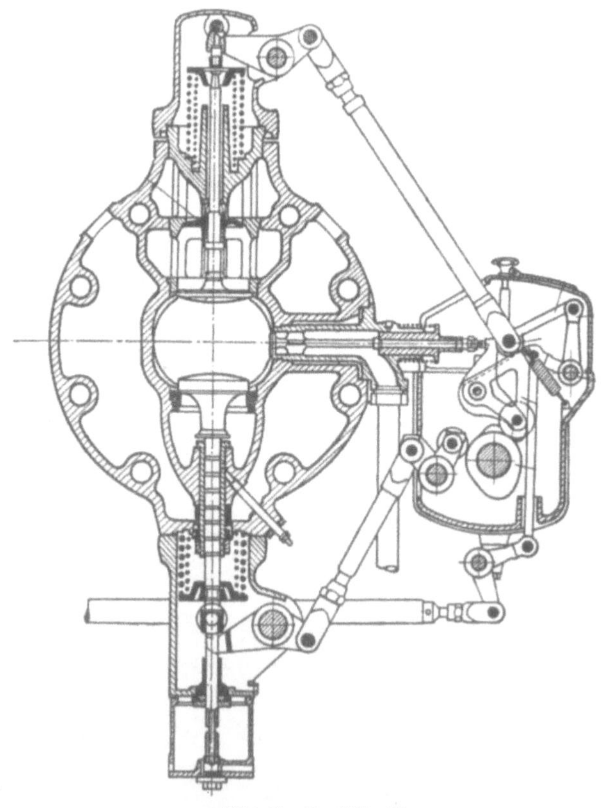

Abb. 24. Zu Abb. 23.
a Einlaßventil, *b* Gasventil, *c* Anlaßventil, *d* aus- und einschwenkbare Stoßstange, *e* Rolle zur Stoßstange, *f* Nockenhebel, *g* Nocken, *h* Reglerwelle, *i* Hebel, *k* Gelenkstange, *l* Regelstange.
(Bd. 5, Abb. 63.)

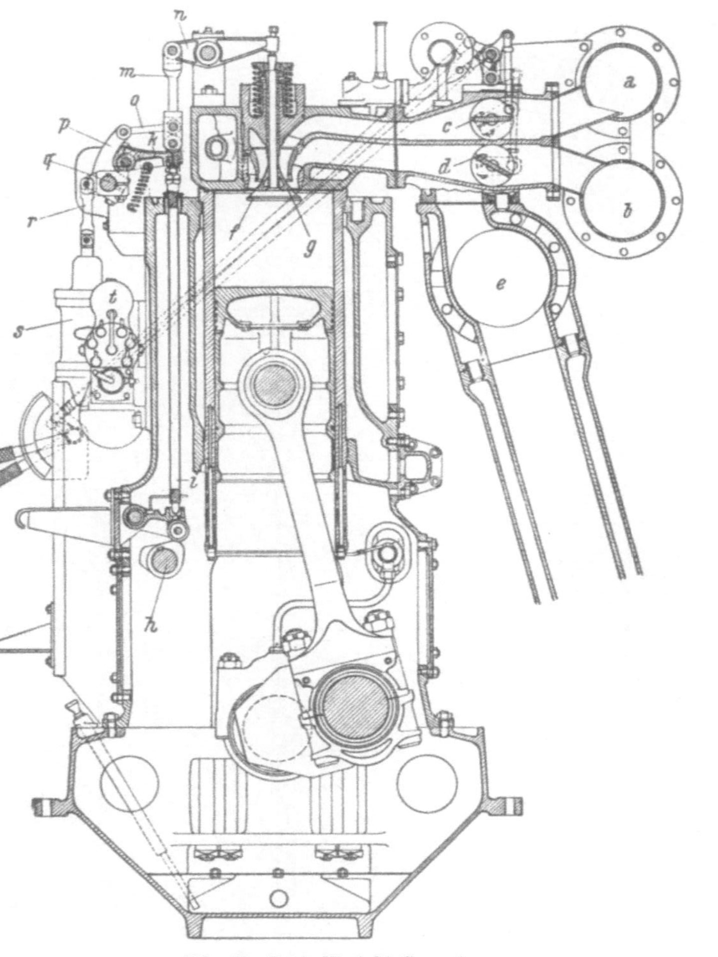

Abb. 25. Deutz-Viertakt-Gasmotor.
$z = 6$, $D = 280$, $s = 450$, $N = 270$, $n = 375$.

a Gasleitung, b Luftleitung, c Gasdrosselklappe, d Luftdrosselklappe, e Auspuffleitung, f Einlaßventil, g Gasventil, h Nockenwelle, i Stoßstange, k Schwinge, m Stelze, n Kipphebel, o Stange, p Hebel, q Regelwelle, r Schubstange, s Servomotor, t Zündmagnet.
(Bd. 5, Abb. 71.

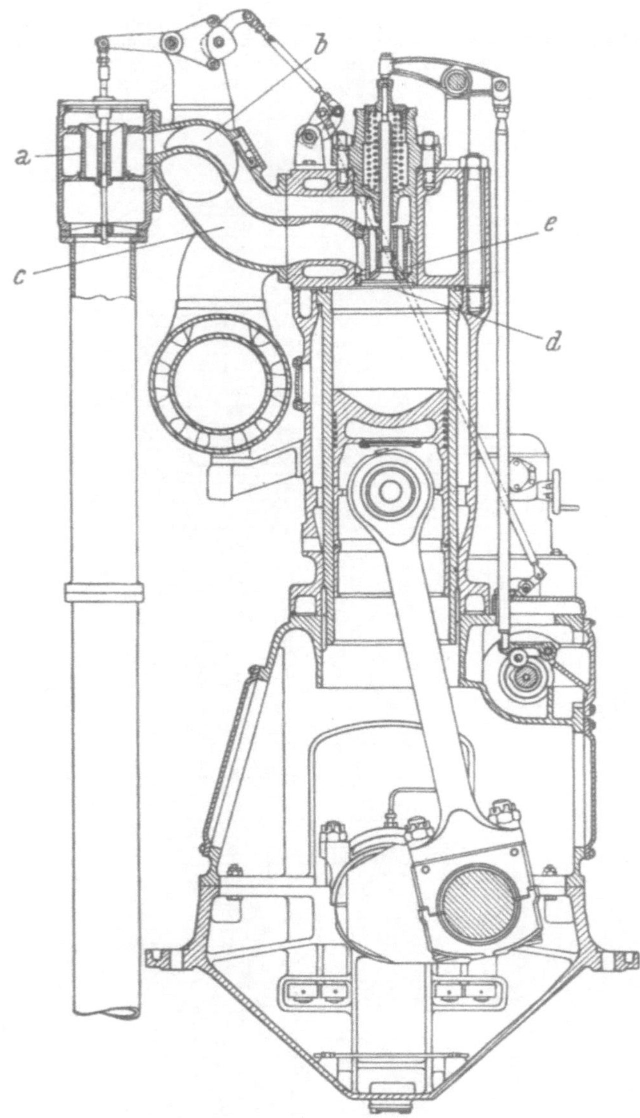

Abb. 26. Deutz-Viertakt-Gasmotor.
$z = 4$, $D = 340$, $s = 450$, $N = 280$, $n = 375$.

a Gasventil, b Gasleitung, c Luftleitung, d Einlaßventil, e Schleppventil.
(Bd. 5, Abb. 74.)

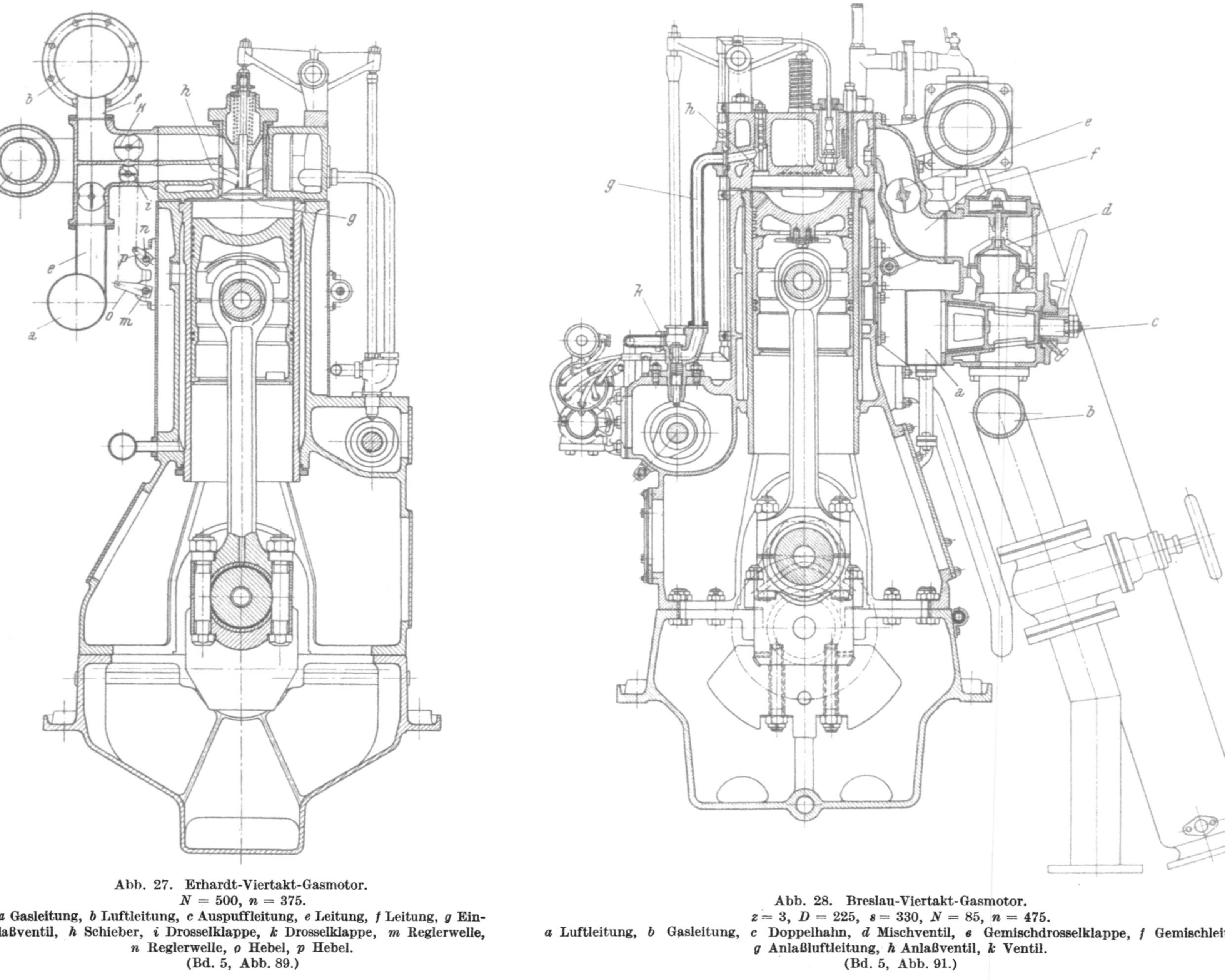

Abb. 27. Erhardt-Viertakt-Gasmotor.
$N = 500$, $n = 375$.

a Gasleitung, *b* Luftleitung, *c* Auspuffleitung, *e* Leitung, *f* Leitung, *g* Einlaßventil, *h* Schieber, *i* Drosselklappe, *k* Drosselklappe, *m* Reglerwelle, *n* Reglerwelle, *o* Hebel, *p* Hebel.
(Bd. 5, Abb. 89.)

Abb. 28. Breslau-Viertakt-Gasmotor.
$z = 3$, $D = 225$, $s = 330$, $N = 85$, $n = 475$.

a Luftleitung, *b* Gasleitung, *c* Doppelhahn, *d* Mischventil, *e* Gemischdrosselklappe, *f* Gemischleitung, *g* Anlaßluftleitung, *h* Anlaßventil, *k* Ventil.
(Bd. 5, Abb. 91.)

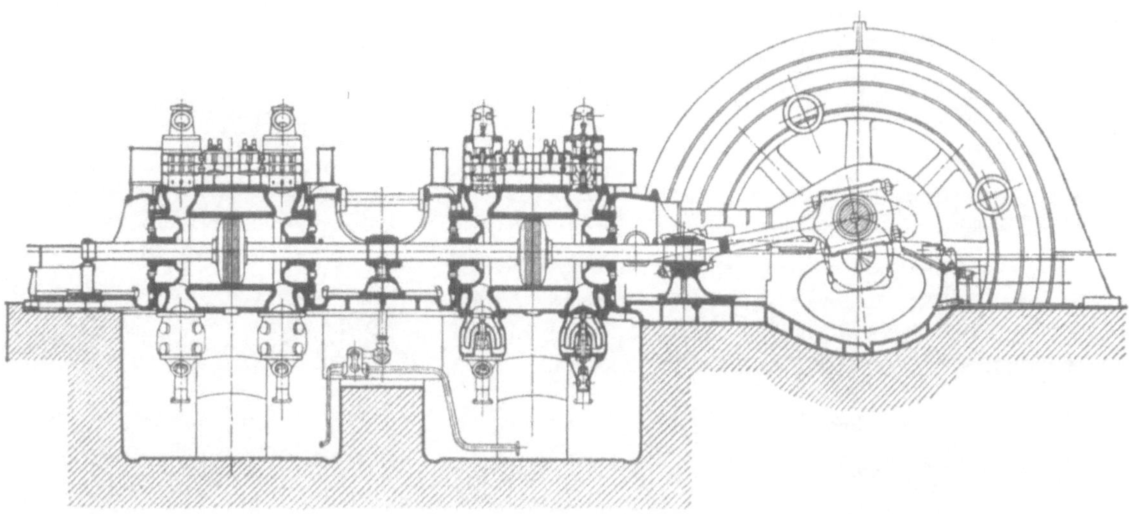

Abb. 29. Demag-Viertakt-Großgasmaschine.
$N = 4000$, $n = 107$.
(Bd. 5, Abb. 105.)

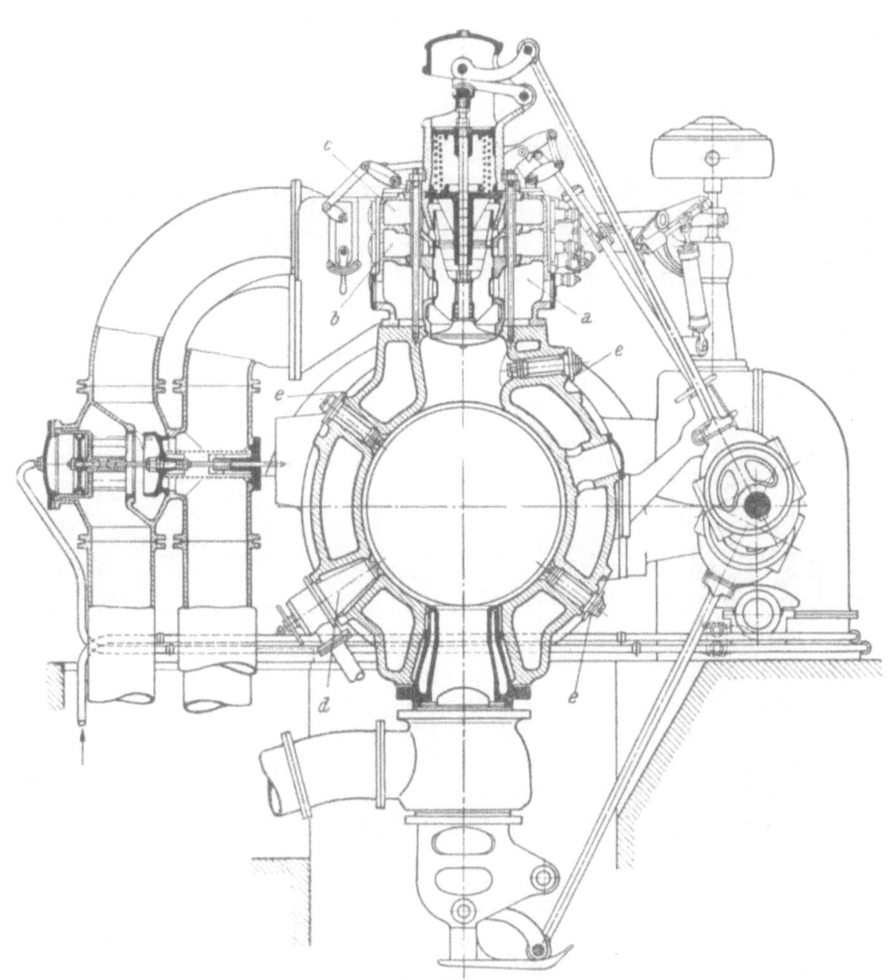

Abb. 30. Zu Abb. 29.
a Gasraum, *b* Luftraum, *c* Spülluftraum, *d* Anlaßventil, *e* Zündvorrichtung.
(Bd. 5, Abb. 109.)

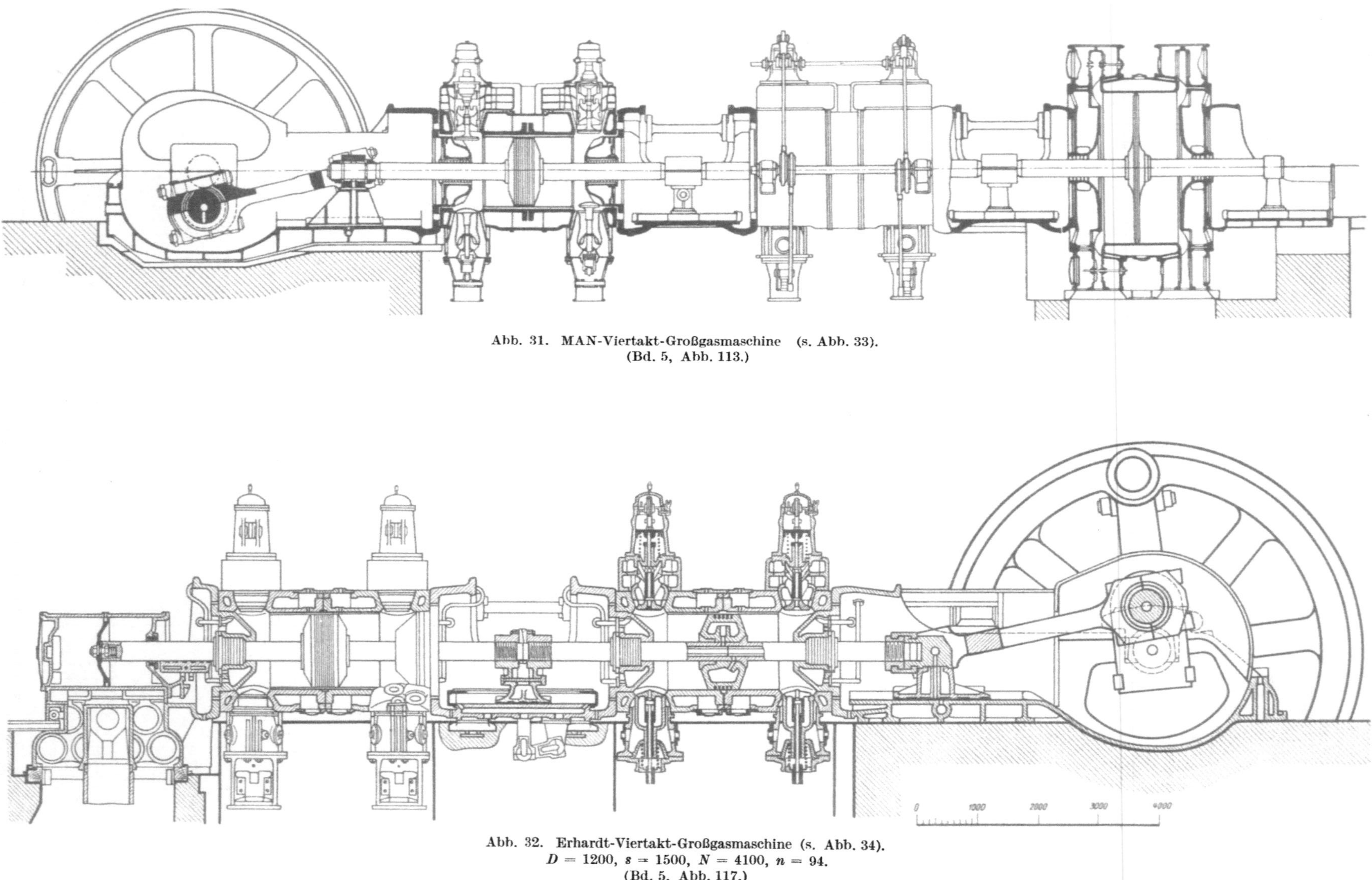

Abb. 31. MAN-Viertakt-Großgasmaschine (s. Abb. 33).
(Bd. 5, Abb. 113.)

Abb. 32. Erhardt-Viertakt-Großgasmaschine (s. Abb. 34).
$D = 1200$, $s = 1500$, $N = 4100$, $n = 94$.
(Bd. 5, Abb. 117.)

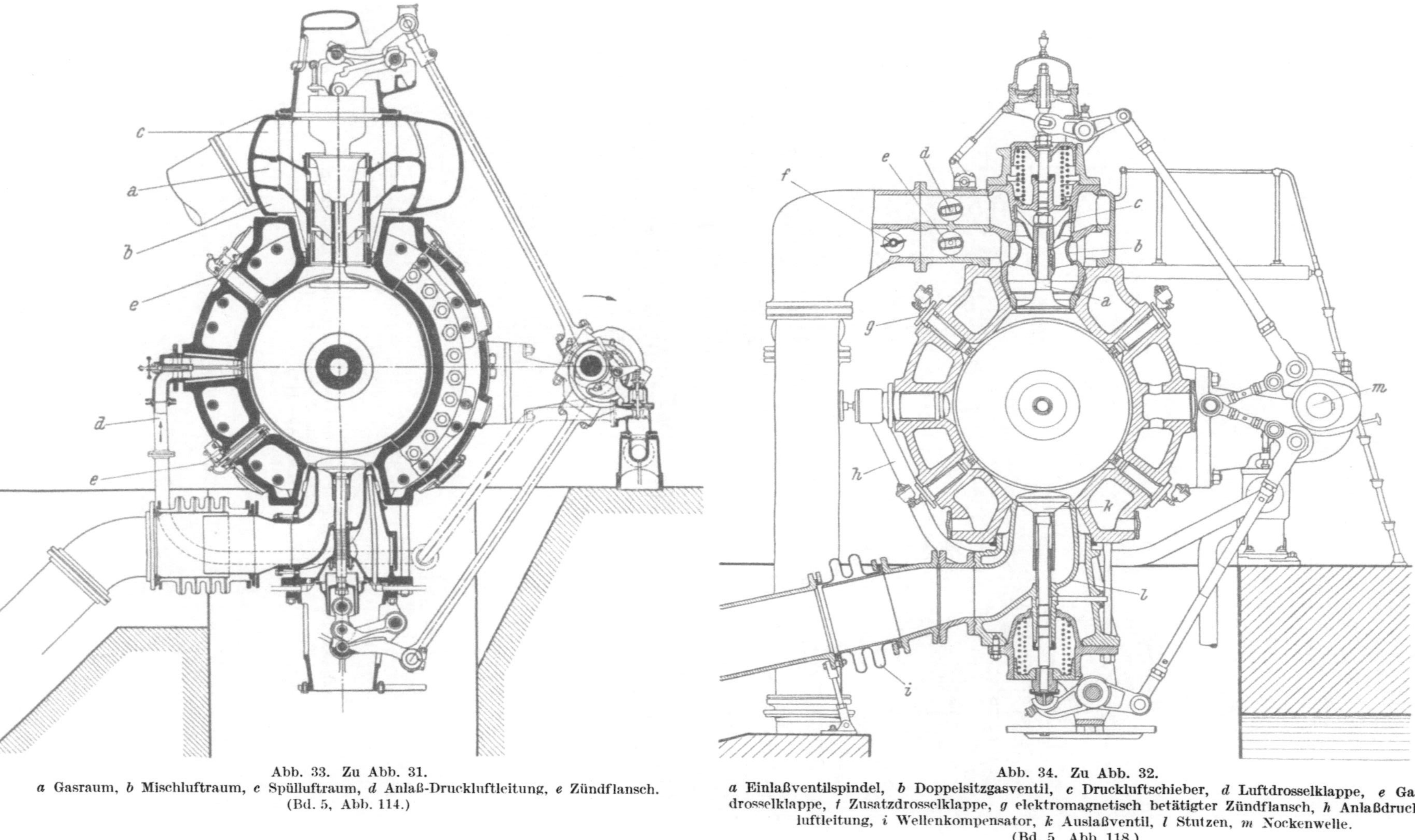

Abb. 33. Zu Abb. 31.
a Gasraum, *b* Mischluftraum, *c* Spülluftraum, *d* Anlaß-Druckluftleitung, *e* Zündflansch.
(Bd. 5, Abb. 114.)

Abb. 34. Zu Abb. 32.
a Einlaßventilspindel, *b* Doppelsitzgasventil, *c* Druckluftschieber, *d* Luftdrosselklappe, *e* Gasdrosselklappe, *f* Zusatzdrosselklappe, *g* elektromagnetisch betätigter Zündflansch, *h* Anlaßdruckluftleitung, *i* Wellenkompensator, *k* Auslaßventil, *l* Stutzen, *m* Nockenwelle.
(Bd. 5, Abb. 118.)

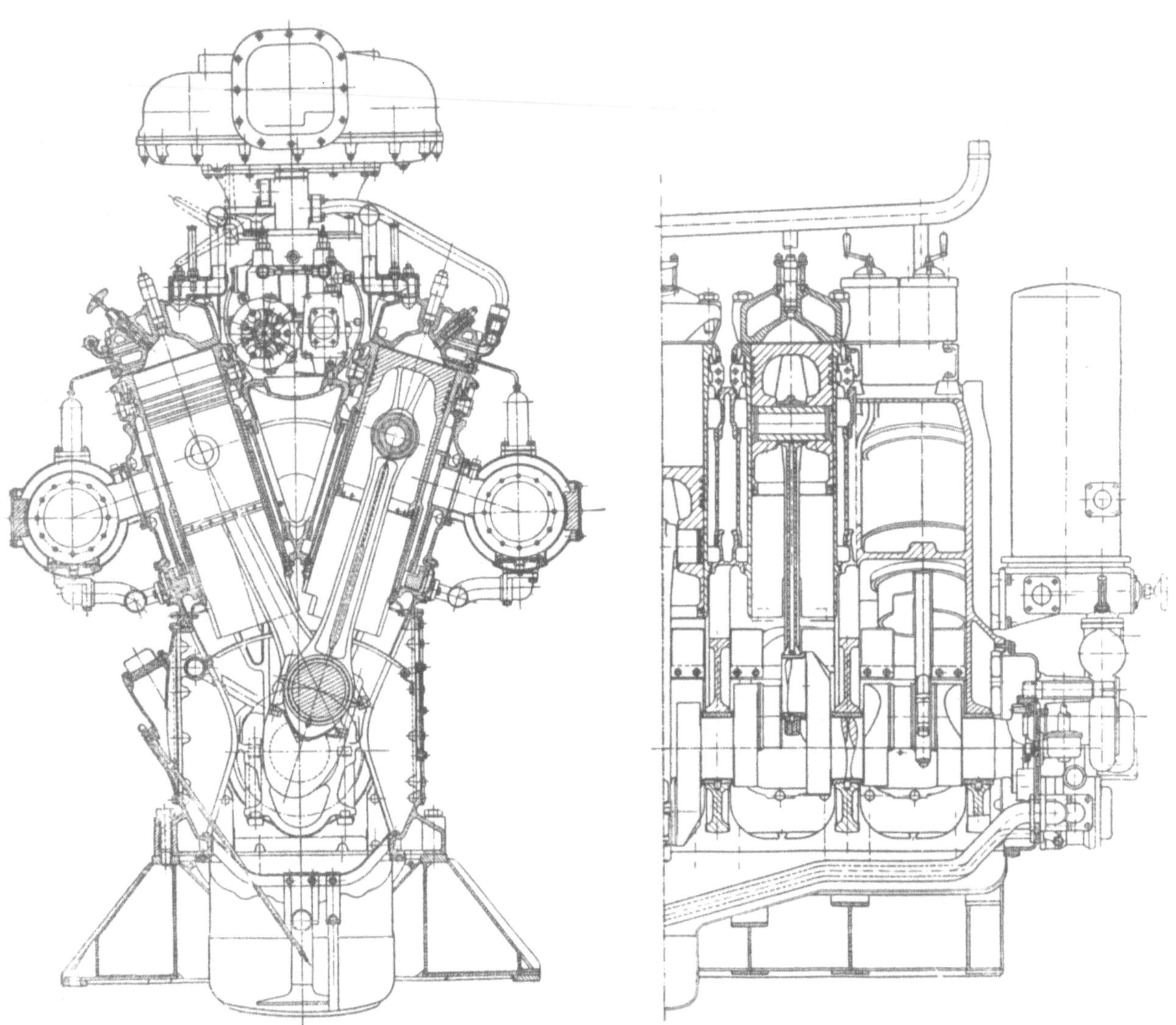

Abb. 35. Deutz-Zweitakt-Triebwagen-Diesel mit unmittelbarer Einspritzung.
$z = 12$, $D = 220$, $s = 330$, $N = 1200$, $n = 700$.
(Bd. 11, Abb. 142.)

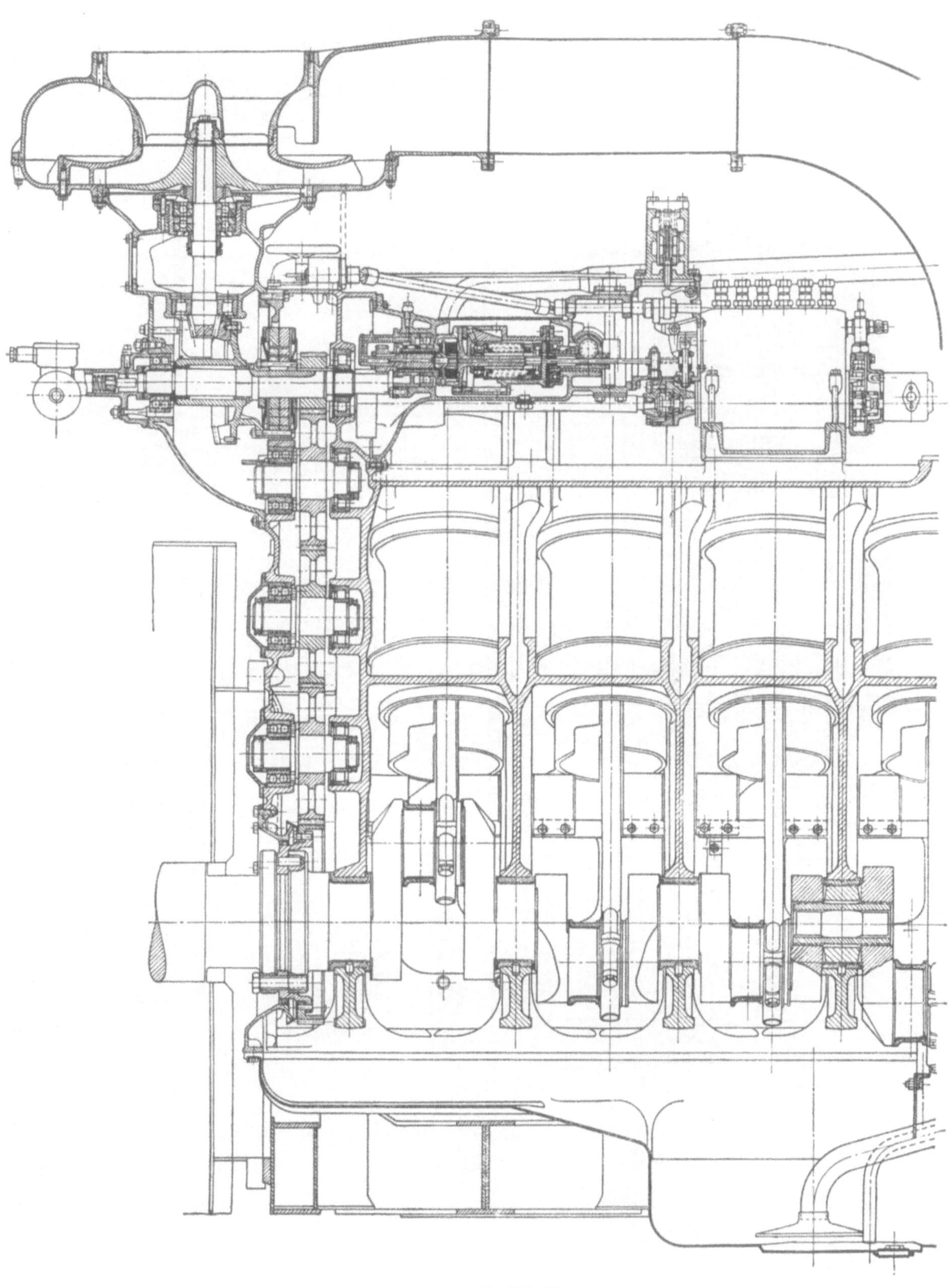

Abb. 36. Zu Abb. 35.
(Bd. 11, Abb. 143.)

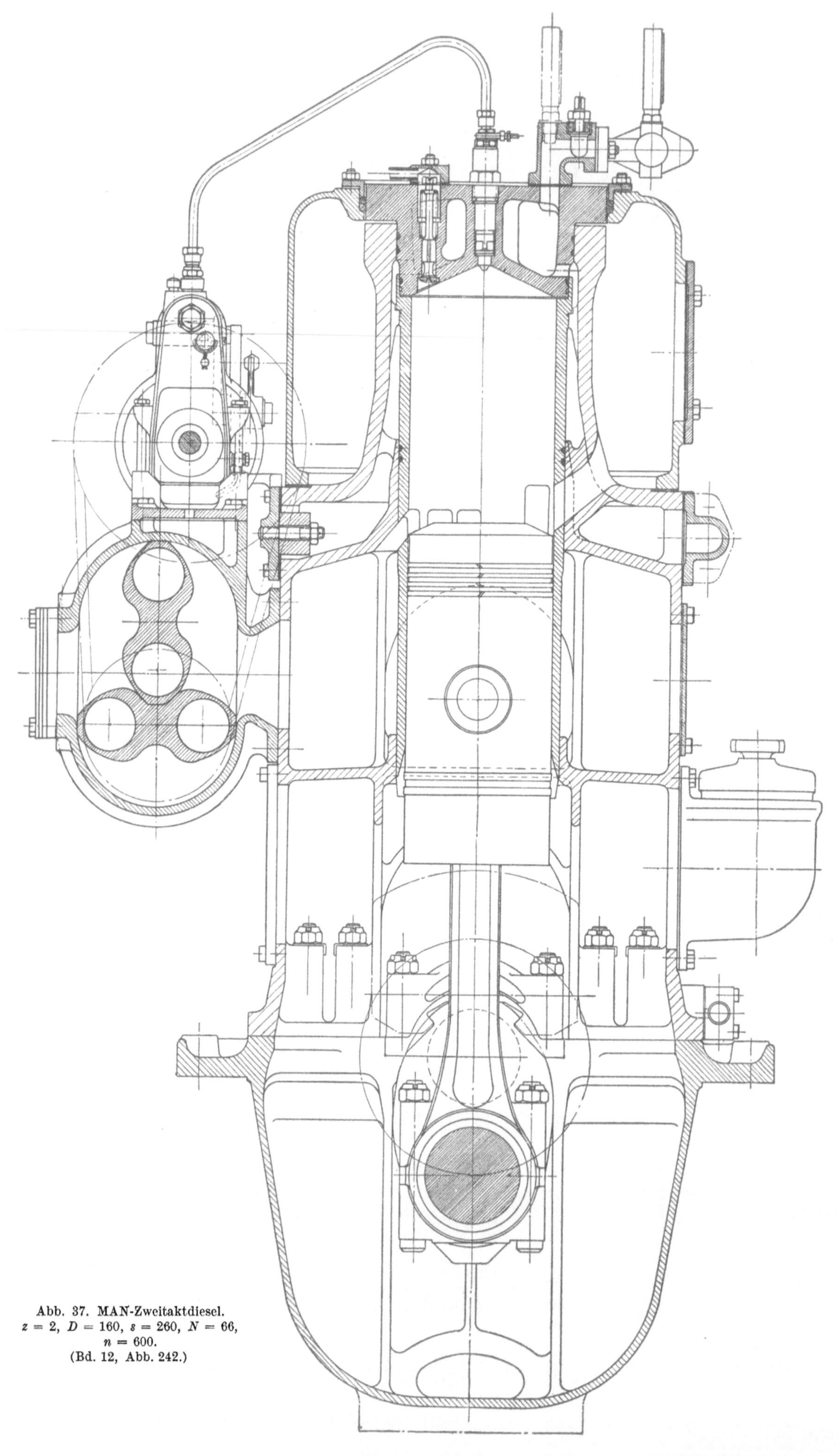

Abb. 37. MAN-Zweitaktdiesel.
$z = 2$, $D = 160$, $s = 260$, $N = 66$,
$n = 600$.
(Bd. 12, Abb. 242.)

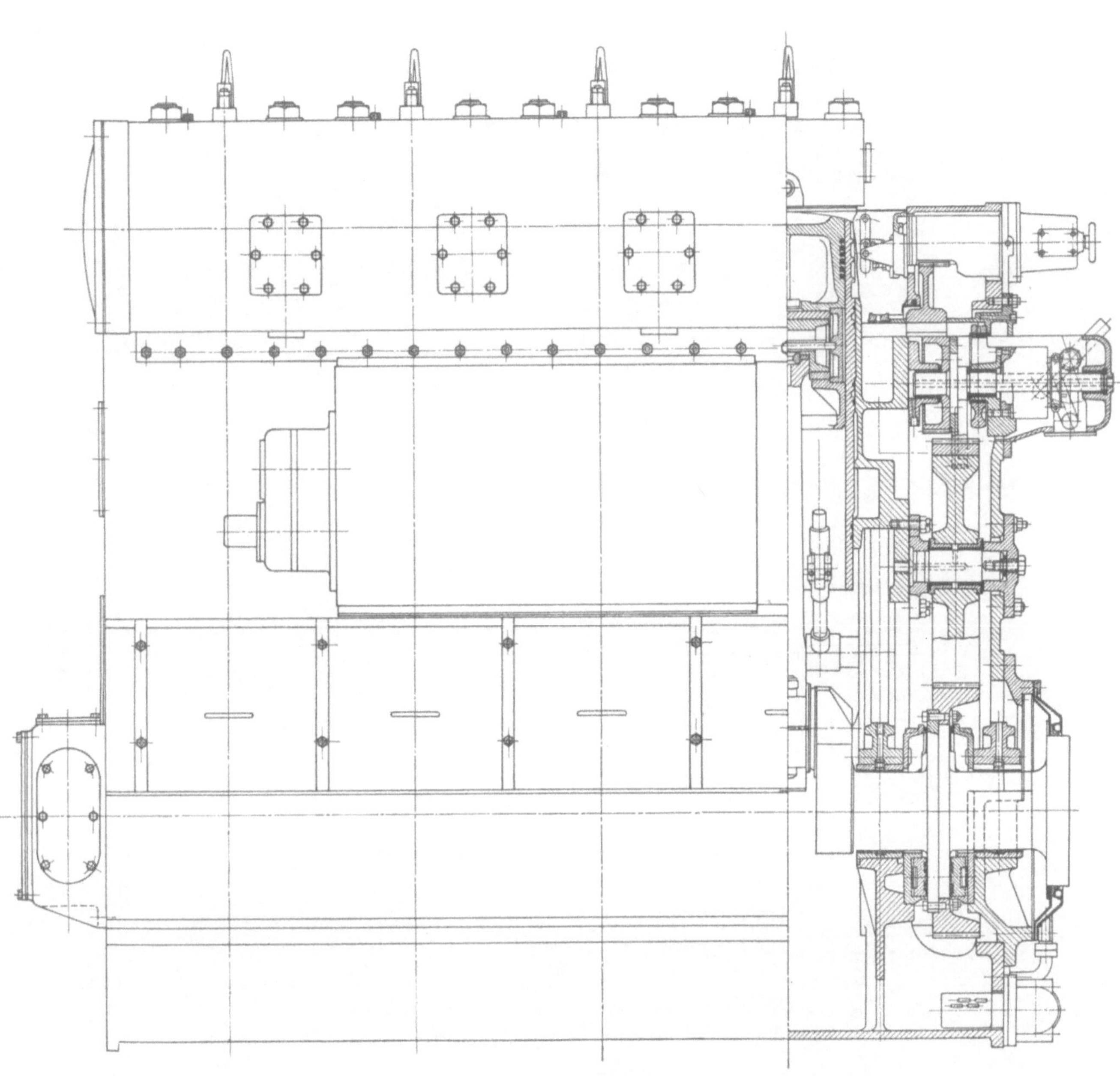

Abb. 38. MAN-Zweitaktdiesel.
$z = 4$, $D = 300$, $s = 420$, $N = 440$, $n = 400$.
(Bd. 12, Abb. 243.)

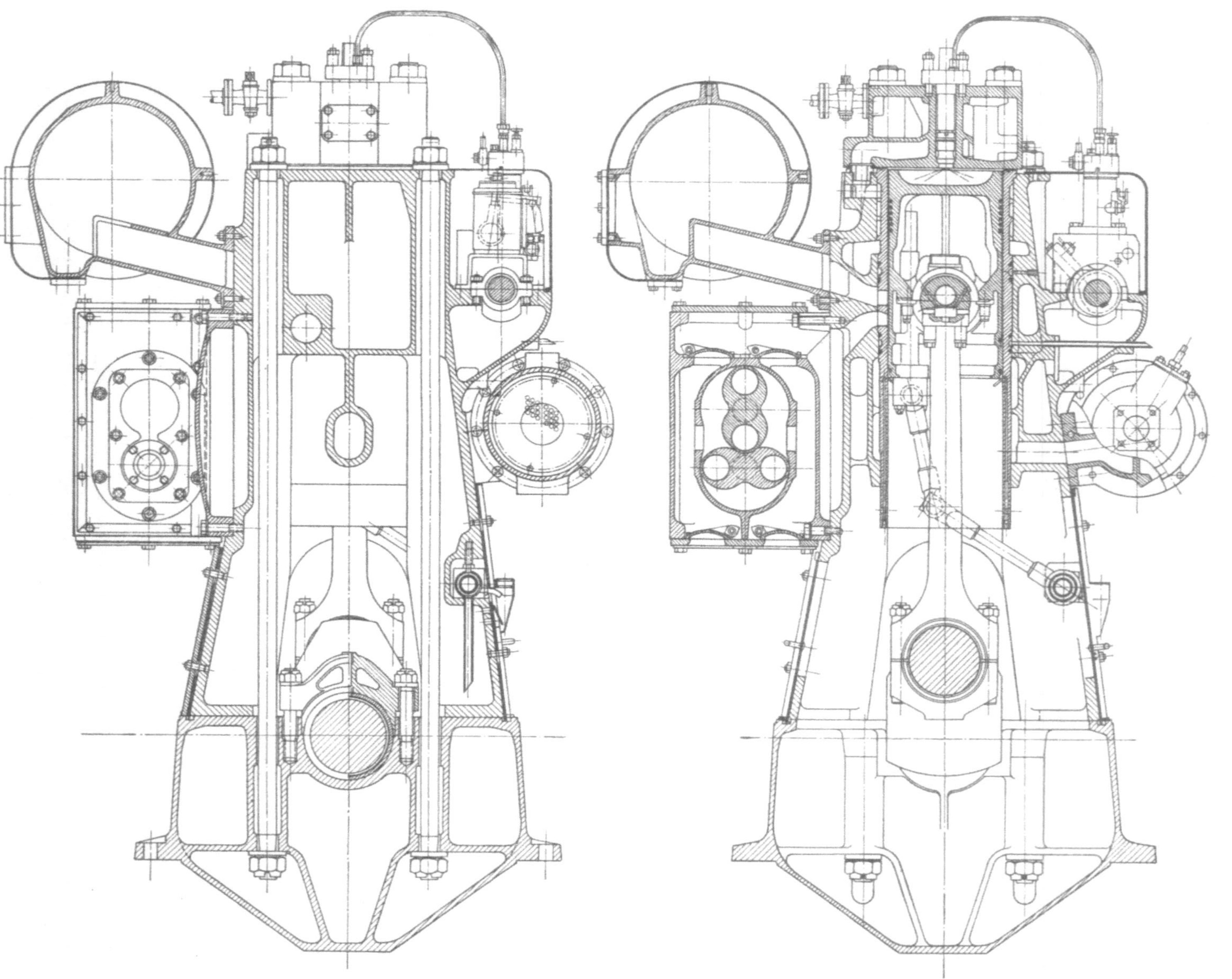

Abb. 39. Zu Abb. 38.
(Bd. 12, Abb. 244.)

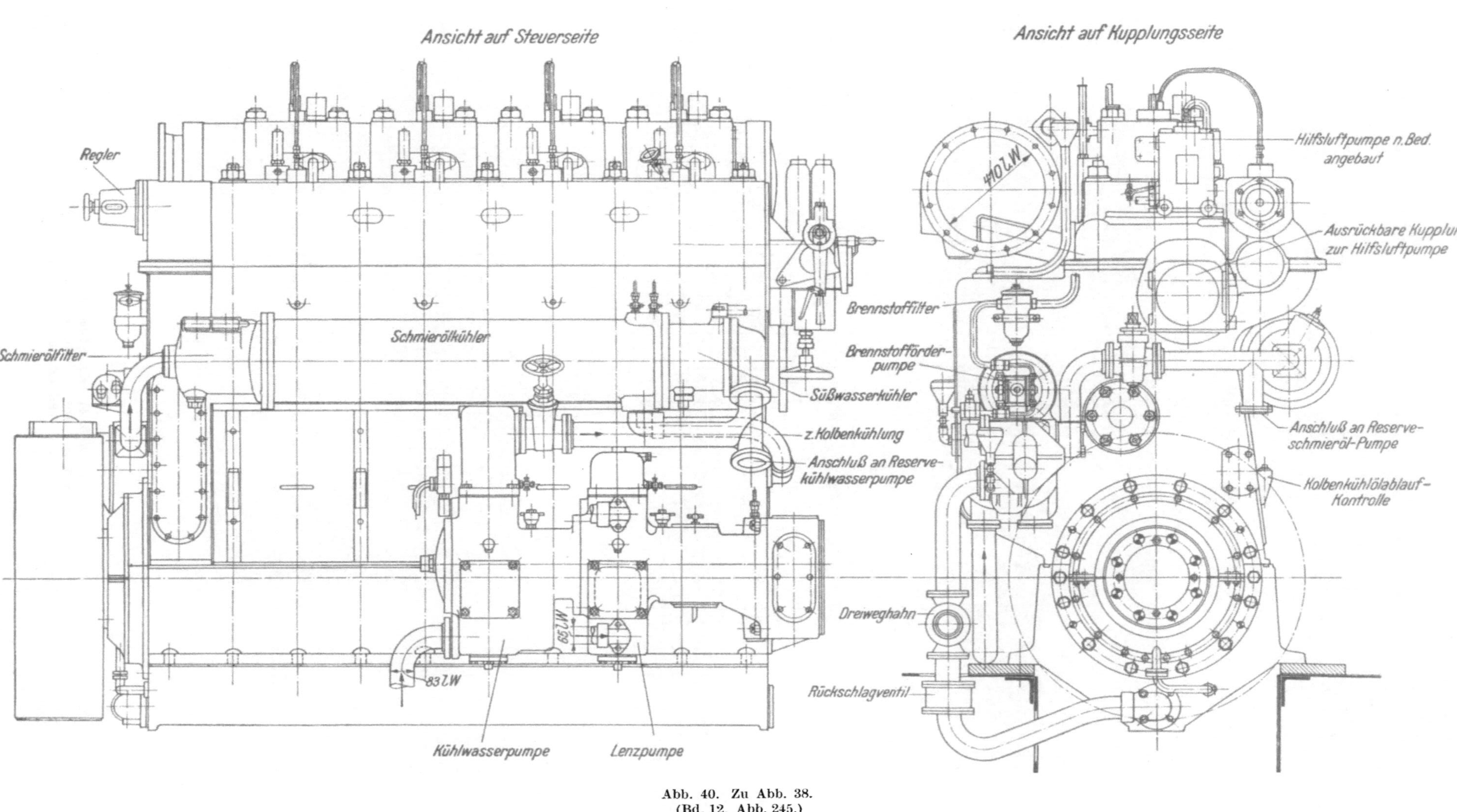

Abb. 40. Zu Abb. 38.
(Bd. 12. Abb. 245.)

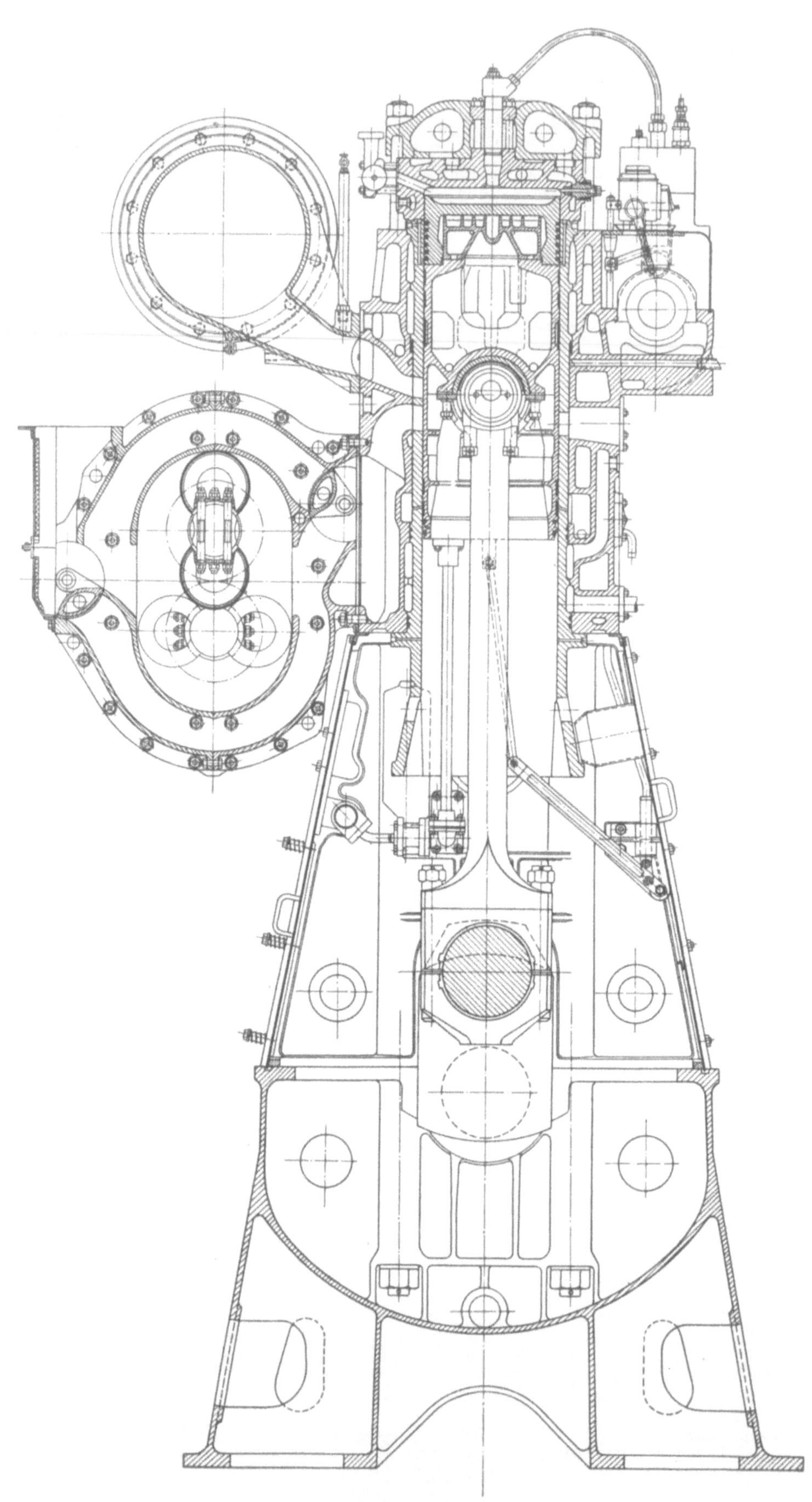

Abb. 41. MAN-Zweitaktdiesel.
$z = 6$, $D = 520$, $s = 900$, $N = 2150$, $n = 170$.
(Bd. 12, Abb. 246.)

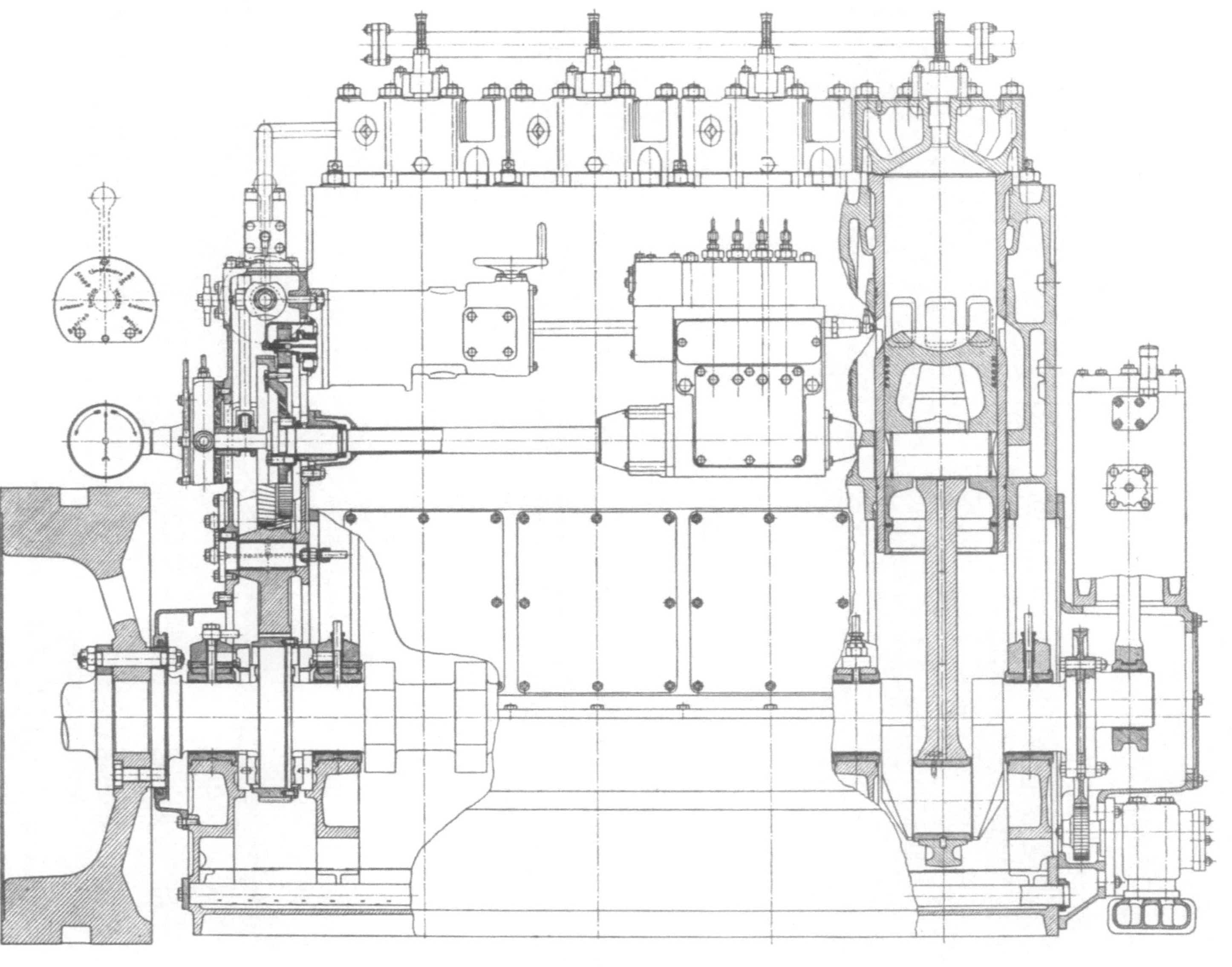

Abb. 42. Deutz-Zweitaktdiesel.
$z = 4$, $D = 240$, $s = 360$, $N = 330$, $n = 500$.
(Bd. 12, Abb. 248.)

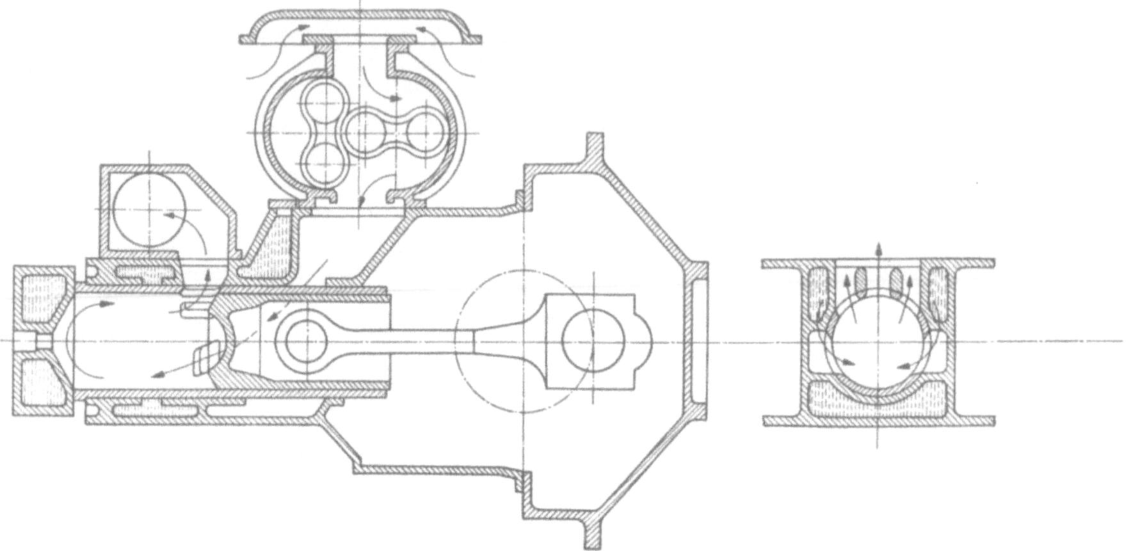

Abb. 44. Schnürlespülung eines Deutz-Zweitaktdiesels.
(Bd. 12, Abb. 250.)

Abb. 43. Zu Abb. 42.
(Bd. 12, Abb. 249.)

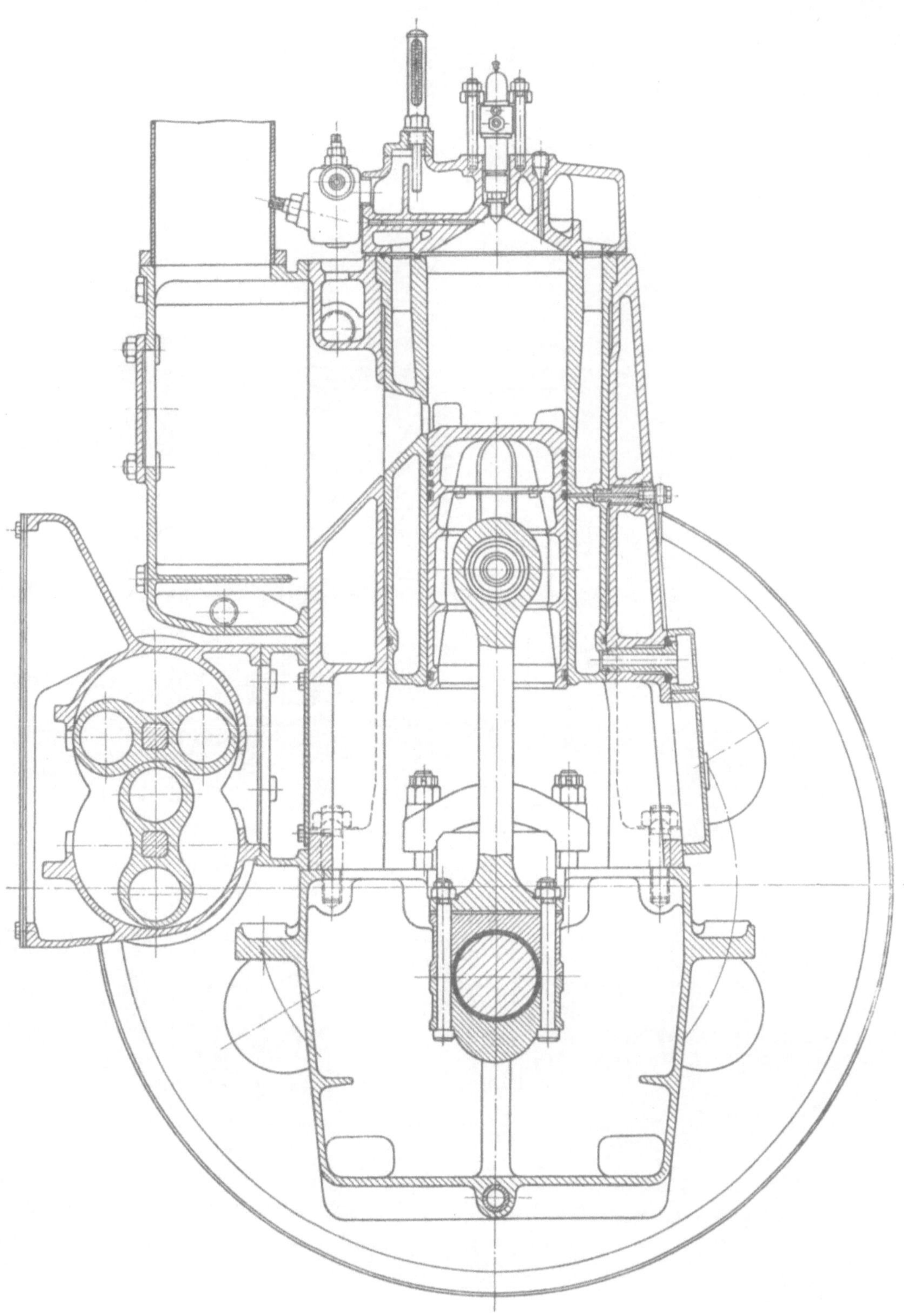

Abb. 45. Buckau-Zweitaktdiesel.
$z = 2$, $D = 175$, $s = 220$, $N = 60$, $n = 600$.
(Bd. 11, Abb. 251.)

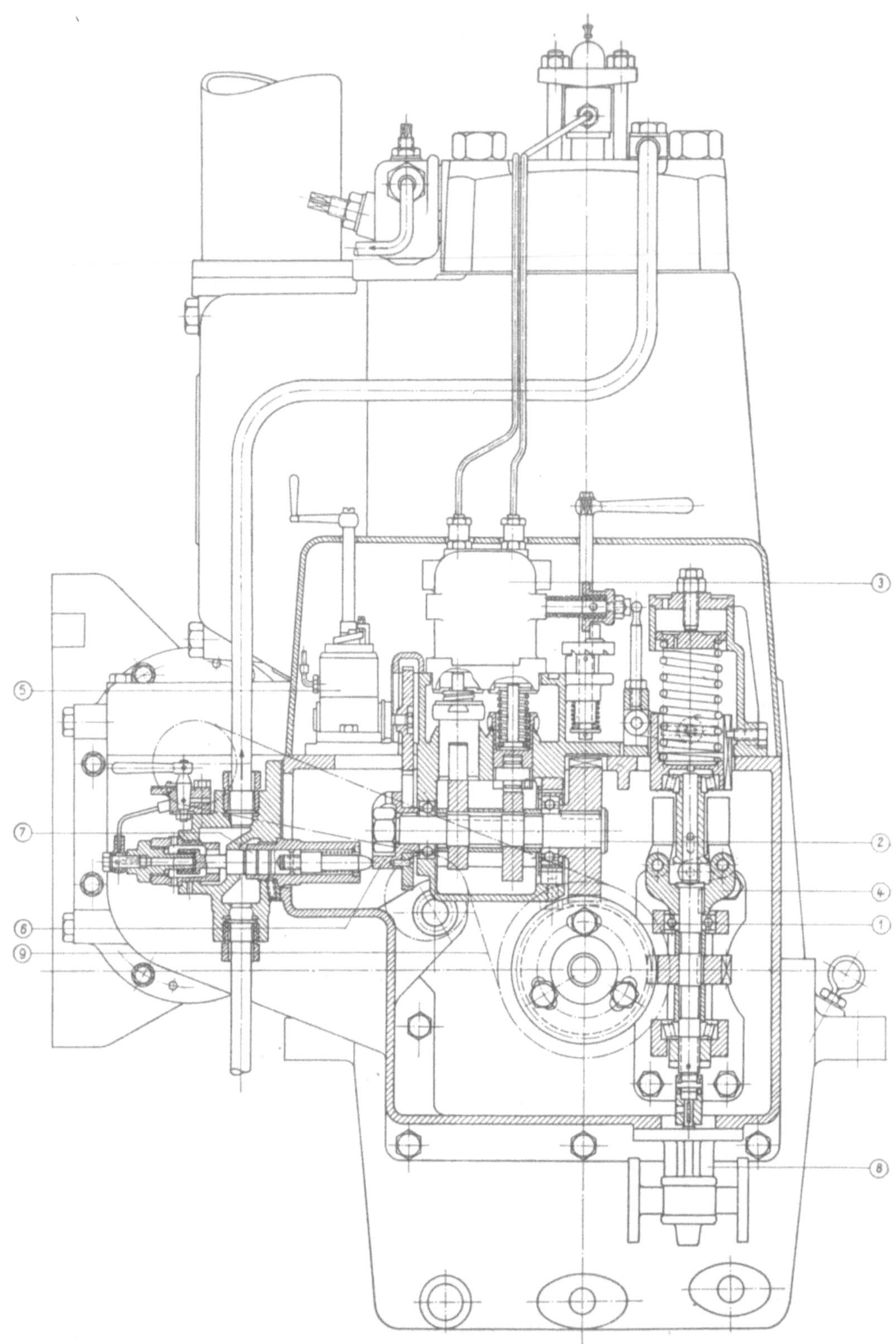

Abb. 46. Getriebekasten zum Motor Abb. 45.
1 Schneckenrad auf der Kurbelwelle, *2* Einspritzpumpen-Antriebswelle, *3* Einspritzpumpenblock, *4* Regler, *5* Öler für Zylinderschmierung, *6* Quernocken zum Anlaßsteuerschieber, *7* Anlaßsteuerschieber, *8* Schmierölpumpe, *9* Kette zum Gebläseantrieb.
(Bd. 12, Abb. 253.)

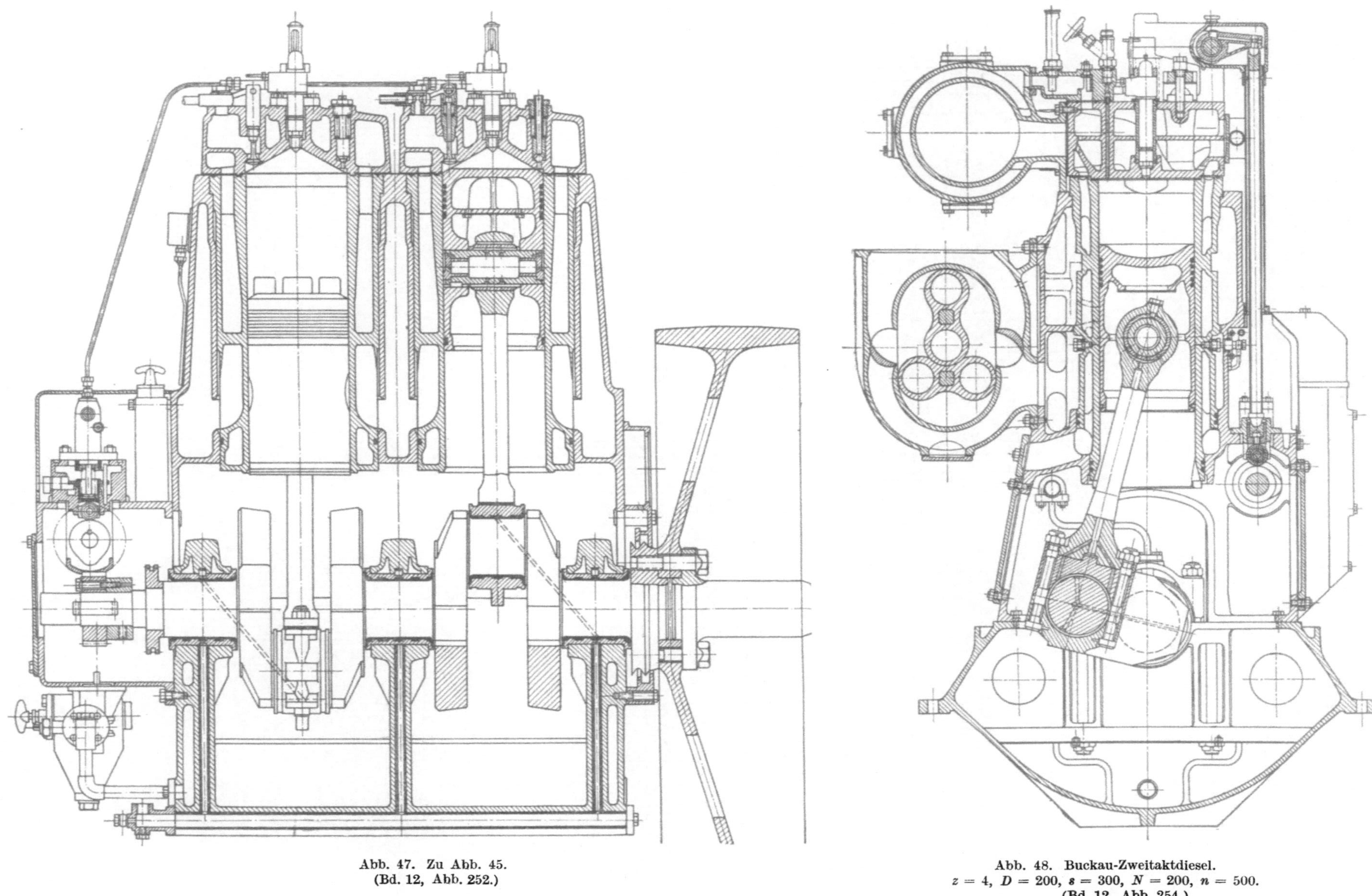

Abb. 47. Zu Abb. 45.
(Bd. 12, Abb. 252.)

Abb. 48. Buckau-Zweitaktdiesel.
$z = 4$, $D = 200$, $s = 300$, $N = 200$, $n = 500$.
(Bd. 12, Abb. 254.)

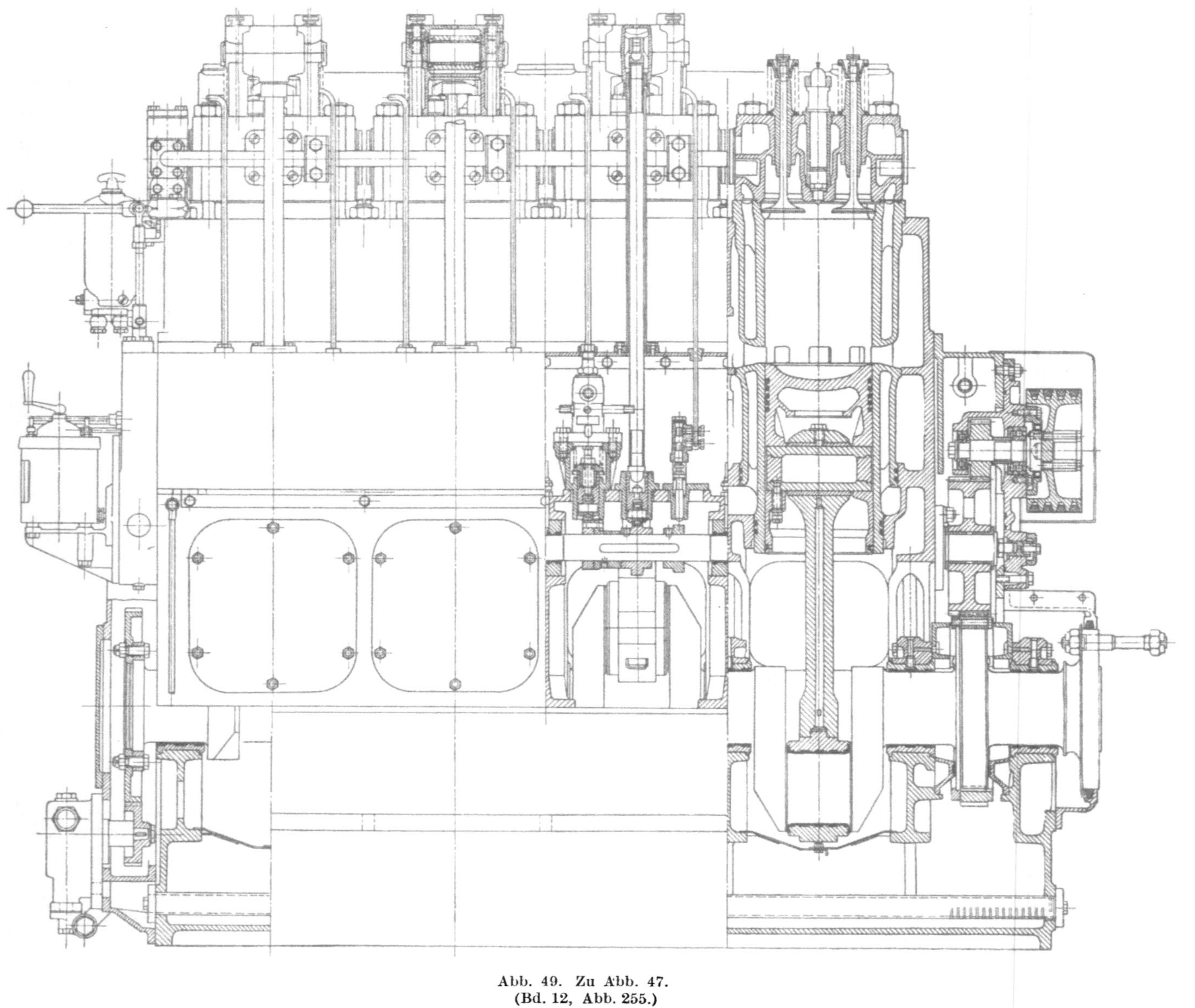

Abb. 49. Zu Abb. 47.
(Bd. 12, Abb. 255.)

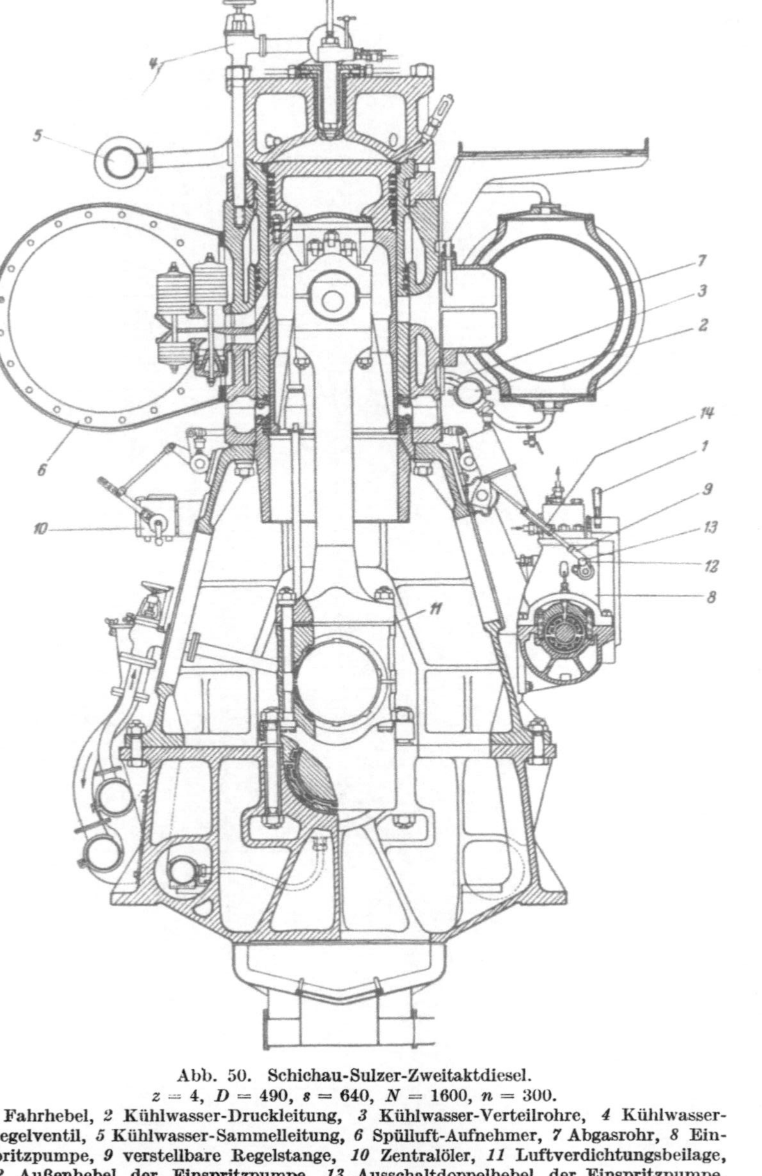

Abb. 50. Schichau-Sulzer-Zweitaktdiesel.
$z = 4$, $D = 490$, $s = 640$, $N = 1600$, $n = 300$.
1 Fahrhebel, 2 Kühlwasser-Druckleitung, 3 Kühlwasser-Verteilrohre, 4 Kühlwasser-Regelventil, 5 Kühlwasser-Sammelleitung, 6 Spülluft-Aufnehmer, 7 Abgasrohr, 8 Einspritzpumpe, 9 verstellbare Regelstange, 10 Zentralöler, 11 Luftverdichtungsbeilage, 12 Außenhebel der Einspritzpumpe, 13 Ausschaltdoppelhebel der Einspritzpumpe, 14 Mutter der Regelstange.
(Bd. 12, Abb. 259.)

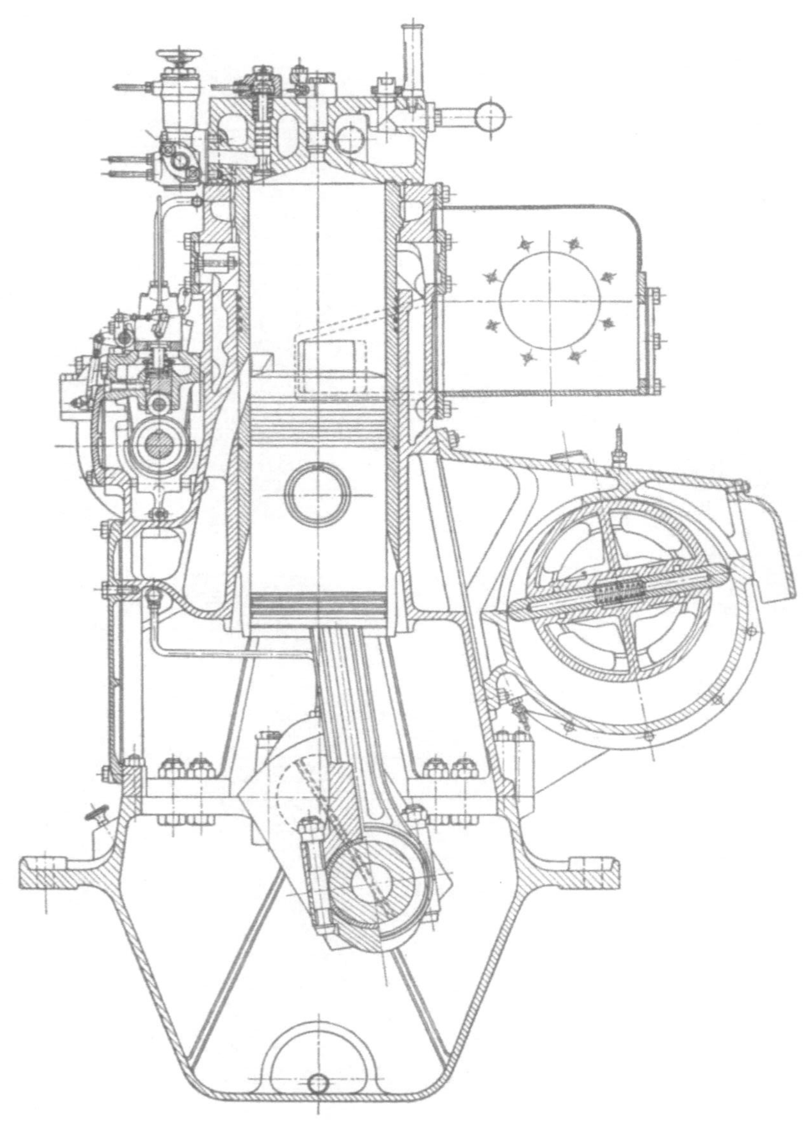

Abb. 51. Modaag-Zweitaktdiesel.
$z = 6$, $D = 215$, $s = 330$, $N = 300$, $n = 500$.
(Bd. 12, Abb. 256.)

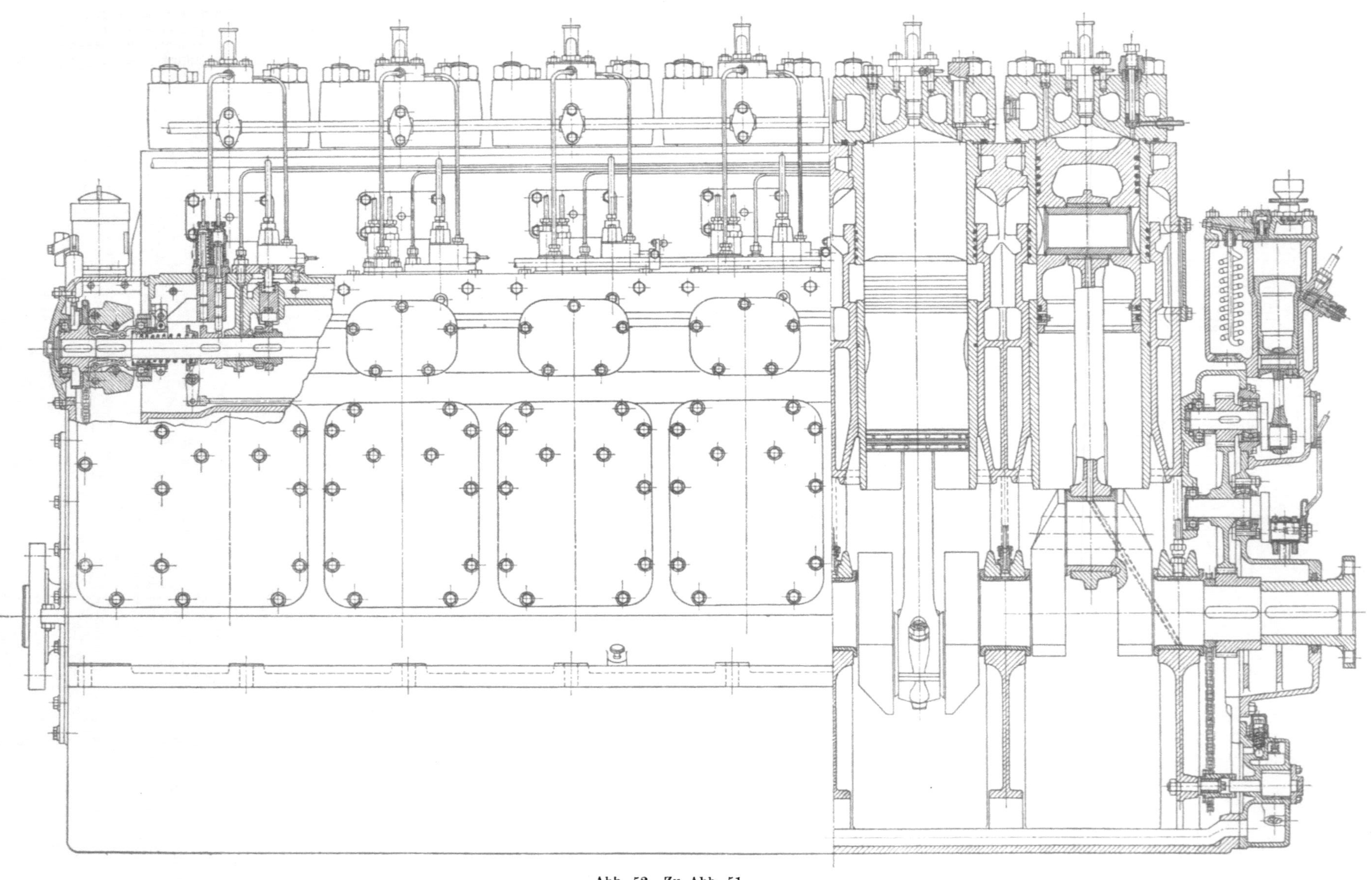

Abb. 52. Zu Abb. 51.
(Bd. 12, Abb. 257.)

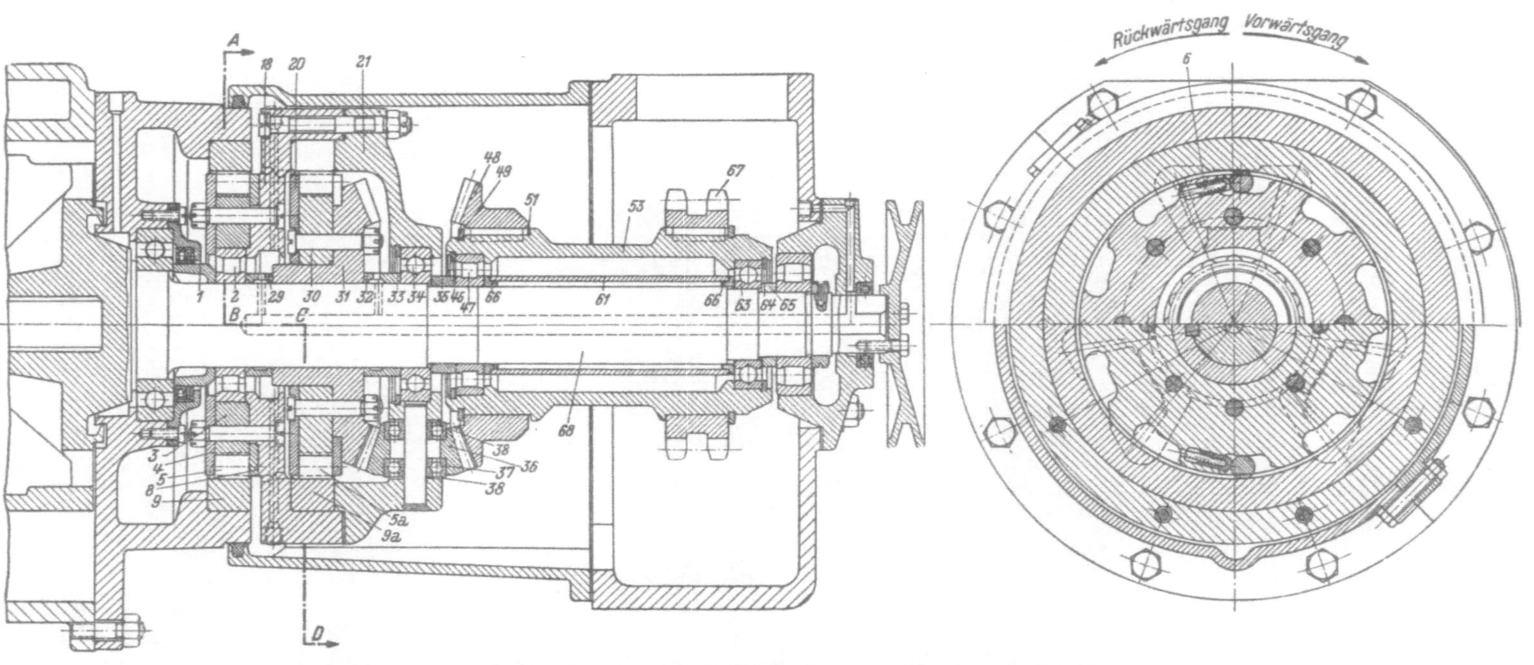

Abb. 53. Umsteuerkupplung zum Gebläseantrieb eines Modaag-Zweitaktdiesels.

1 Distanzbüchse, 2 Einstellager, 3 Getriebe-Innenring, 4 Führungsscheibe, 5 und 5a Rollen, 6 Feder, 8 Führungsscheibe, 9 und 9a äußere Laufringe, 18 Gehäuse, 20 Führungsscheibe, 21 Kegelradkäfig, 29 Distanzbüchse, 30 Getriebe-Innenring, 31 hinteres Kegelrad, 32 Distanzbüchse, 33 Seegerring, 34 Kugellager, 35 Distanzbüchse, 36 kleines Kegelrad, 37 Querkugellager, 38 Distanzscheibe, 46 Seegerring, 47 Einstellager, 48 vorderes Kegelrad, 49 Seegerring, 51 Distanzbeilage, 53 Radnabe, 61 Distanzrohr, 63 Radiaxlager, 64 Seegerring, 65 Distanzbüchse, 66 Distanzring, 67 Antriebskettenrad, 68 Gebläseantriebswelle. (Bd. 12, Abb. 258.)

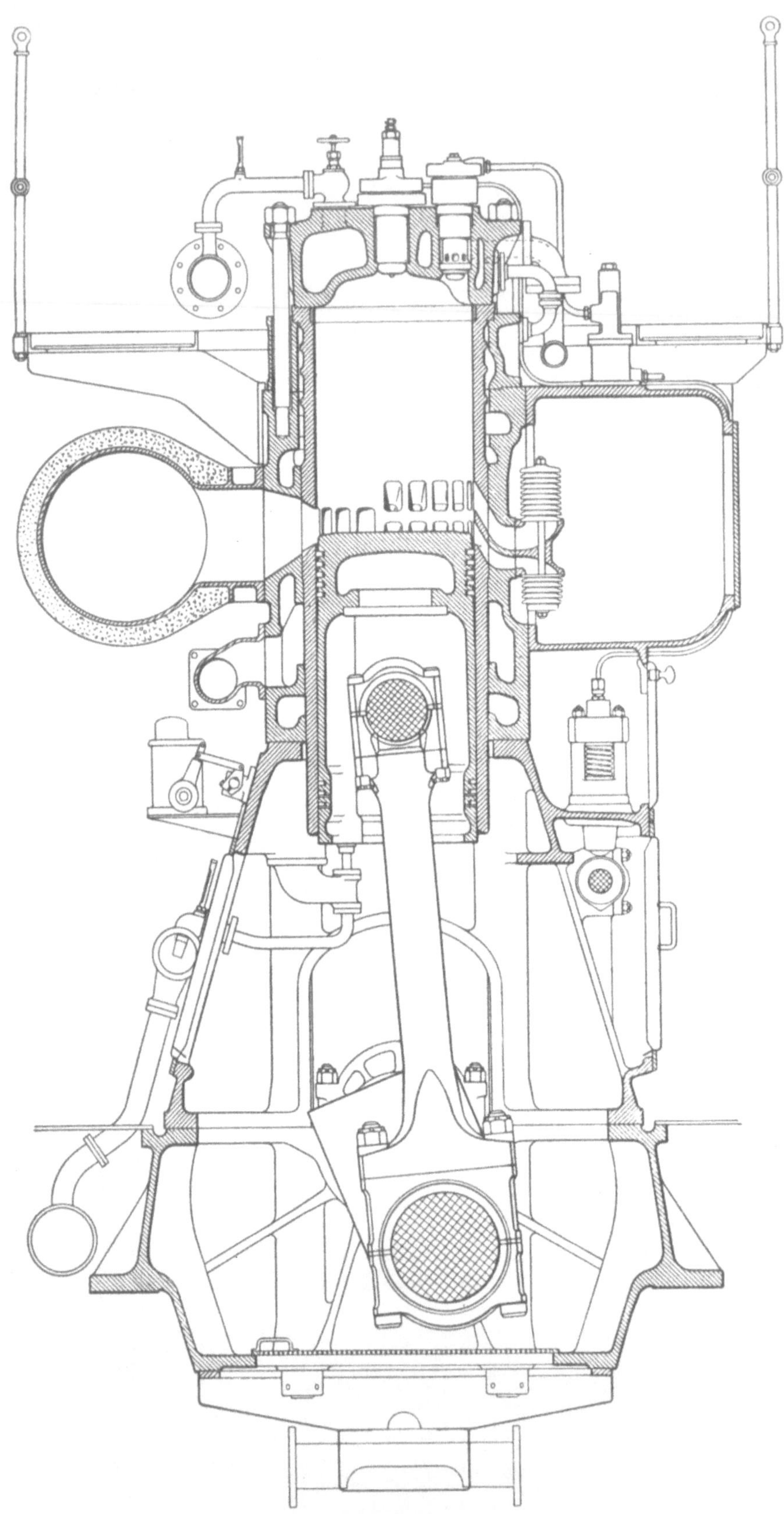

Abb. 54. Sulzer-Zweitaktdiesel   (s. Abb. 58).
$z = 10$, $D = 480$, $s = 700$, $N = 3000$, $n = 225$.
(Bd. 12, Abb. 262.)

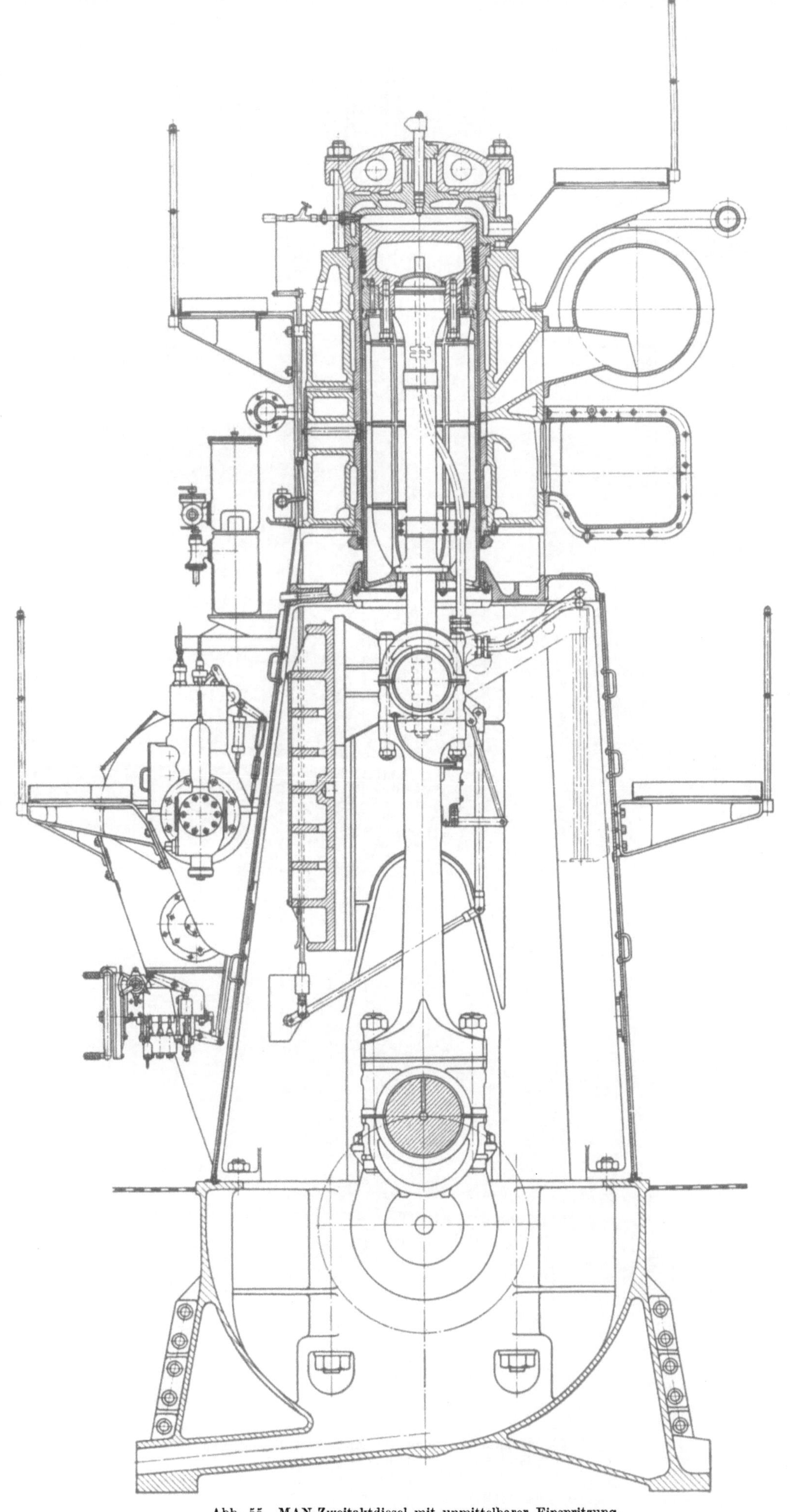

Abb. 55. MAN-Zweitaktdiesel mit unmittelbarer Einspritzung.
$z = 8$, $D = 650$, $s = 1200$, $N = 4400$, $n = 125$.
(Bd. 12, Abb. 266.)

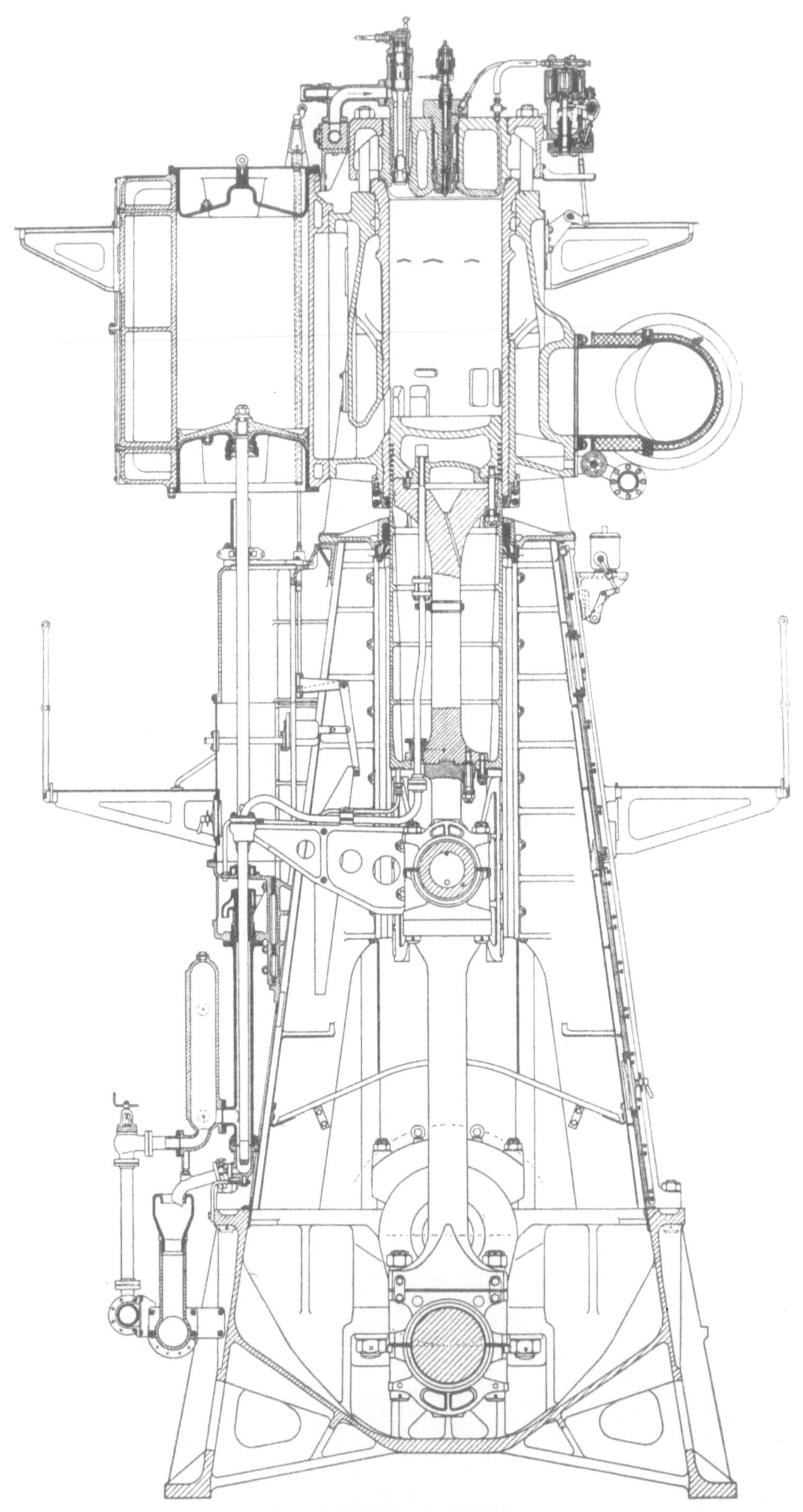

Abb. 56. Krupp-Zweitaktdiesel mit Archaouloff-Einspritzung.
$z = 8$, $D = 650$, $s = 1250$, $N = 4000$, $n = 120$.
(Bd. 12, Abb. 267.)

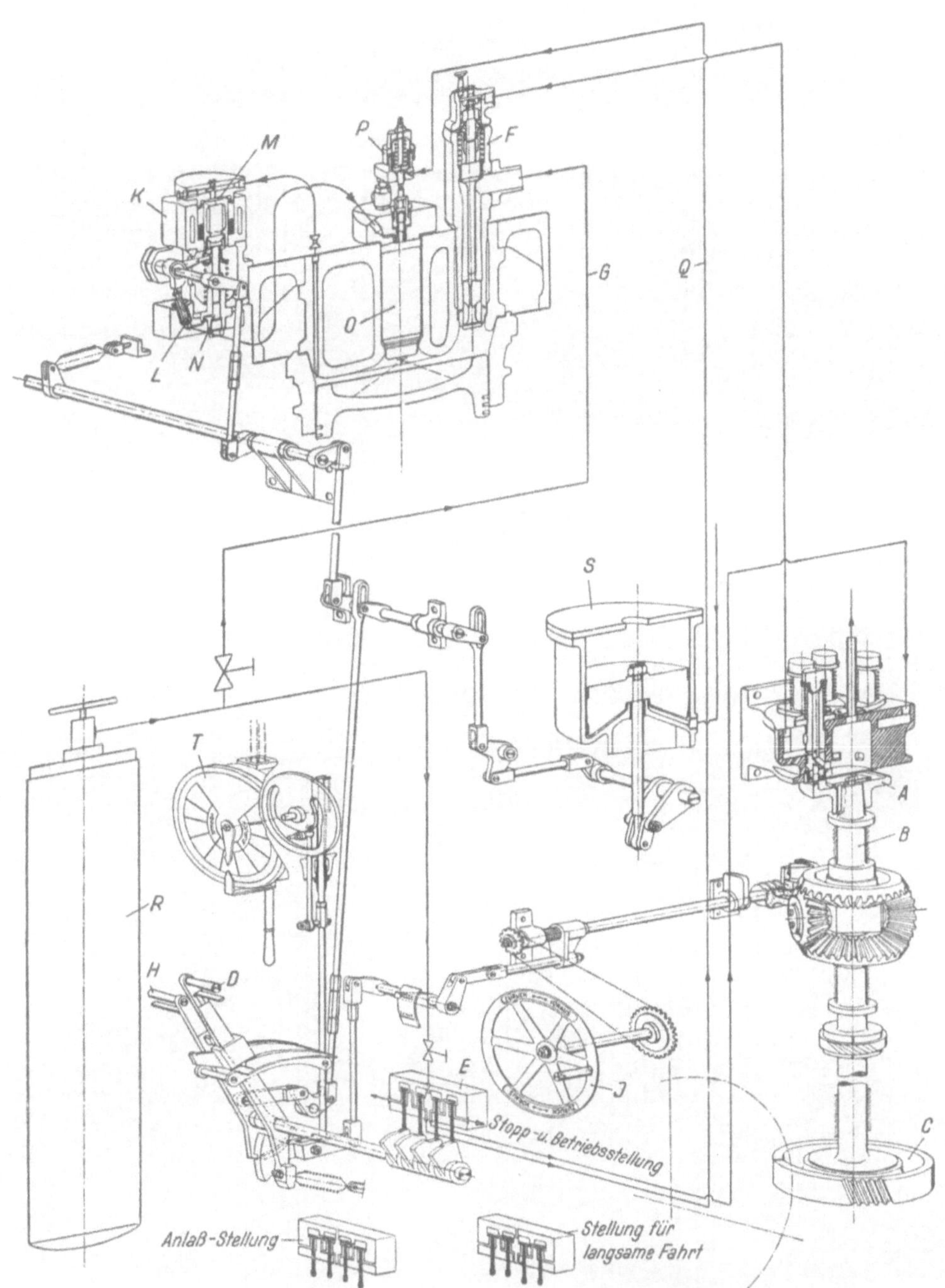

Abb. 57. Anlaß- und Umsteuerung zum Motor Abb. 56.

A Anlaßnocken, *B* Anlaßsteuerwelle, *C* Schraubenrad, *D* Anlaßhebel, *E* Schaltkasten, *F* Anlaßventil, *G* Anlaß-luftleitung, *H* Kraftstoffhebel, *J* Umsteuerhandrad, *K* Einspritzpumpe, System Archaouloff, *L* regelbares Saug-ventil, *M* Gaszylinder der Einspritzpumpe, *N* Kraftstoffzylinder der Einspritzpumpe, *O* Einspritzventil, *P* Ent-lastungszylinder am Einspritzventil, *Q* Druckluftleitung, *R* Anlaßluftflasche, *S* Regler, betätigt durch Spülluft-druck, *T* Maschinentelegraph.
(Bd. 12, Abb. 268.)

Abb. 58. Zu Abb. 54.
(Bd. 12, Abb. 263.)

Abb. 59. Fiat-Zweitaktdiesel mit unmittelbarer Einspritzung.
$z = 8$, $D = 680$, $s = 1100$, $N = 4000$, $n = 130$.
(Bd. 12, Abb. 272.)

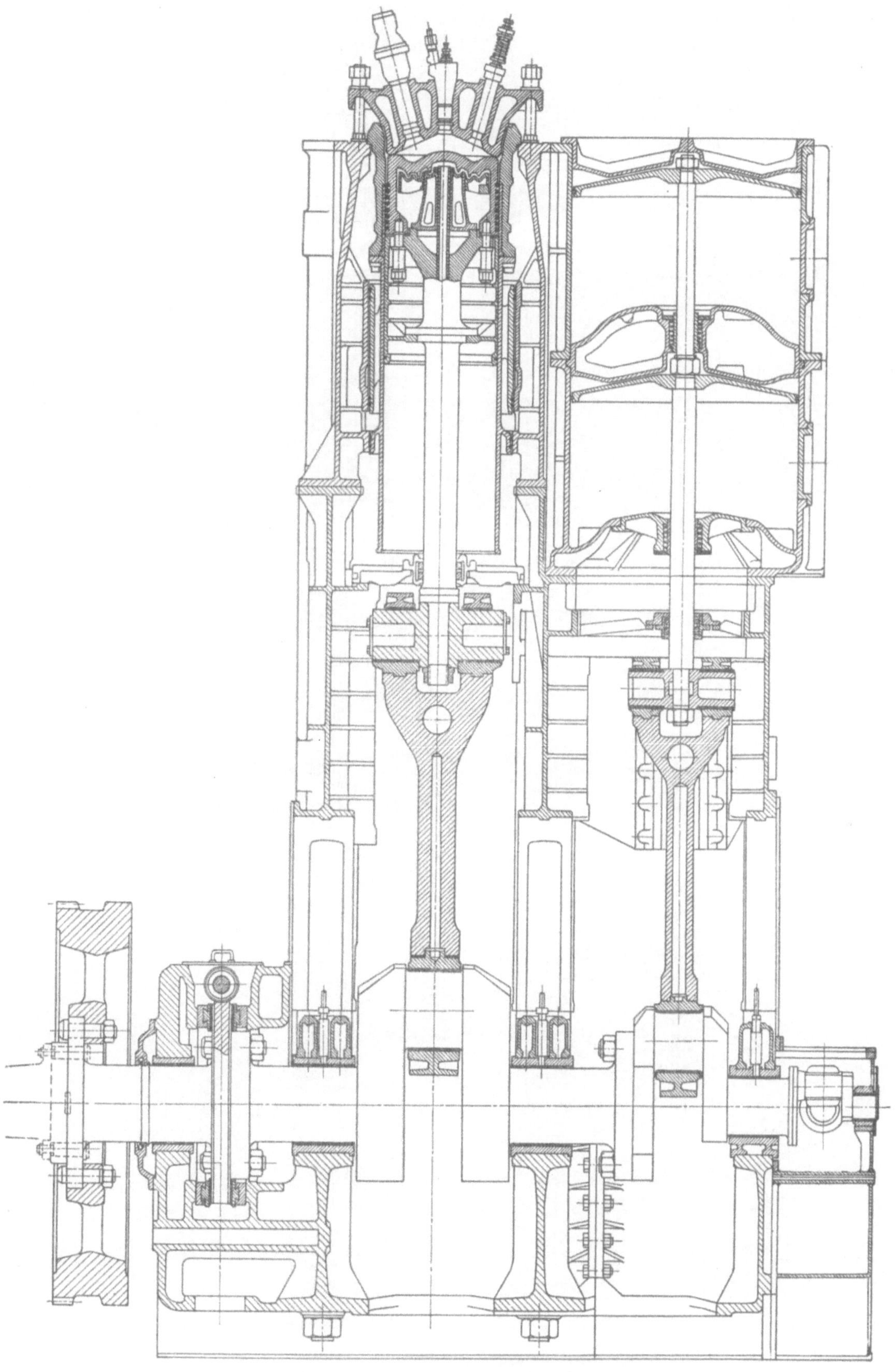

Abb. 60. Fiat-Zweitaktdiesel mit unmittelbarer Einspritzung.
$z = 1$, $D = 680$, $s = 1100$, $N = 500$, $n = 130$.
(Bd. 12, Abb. 271.)

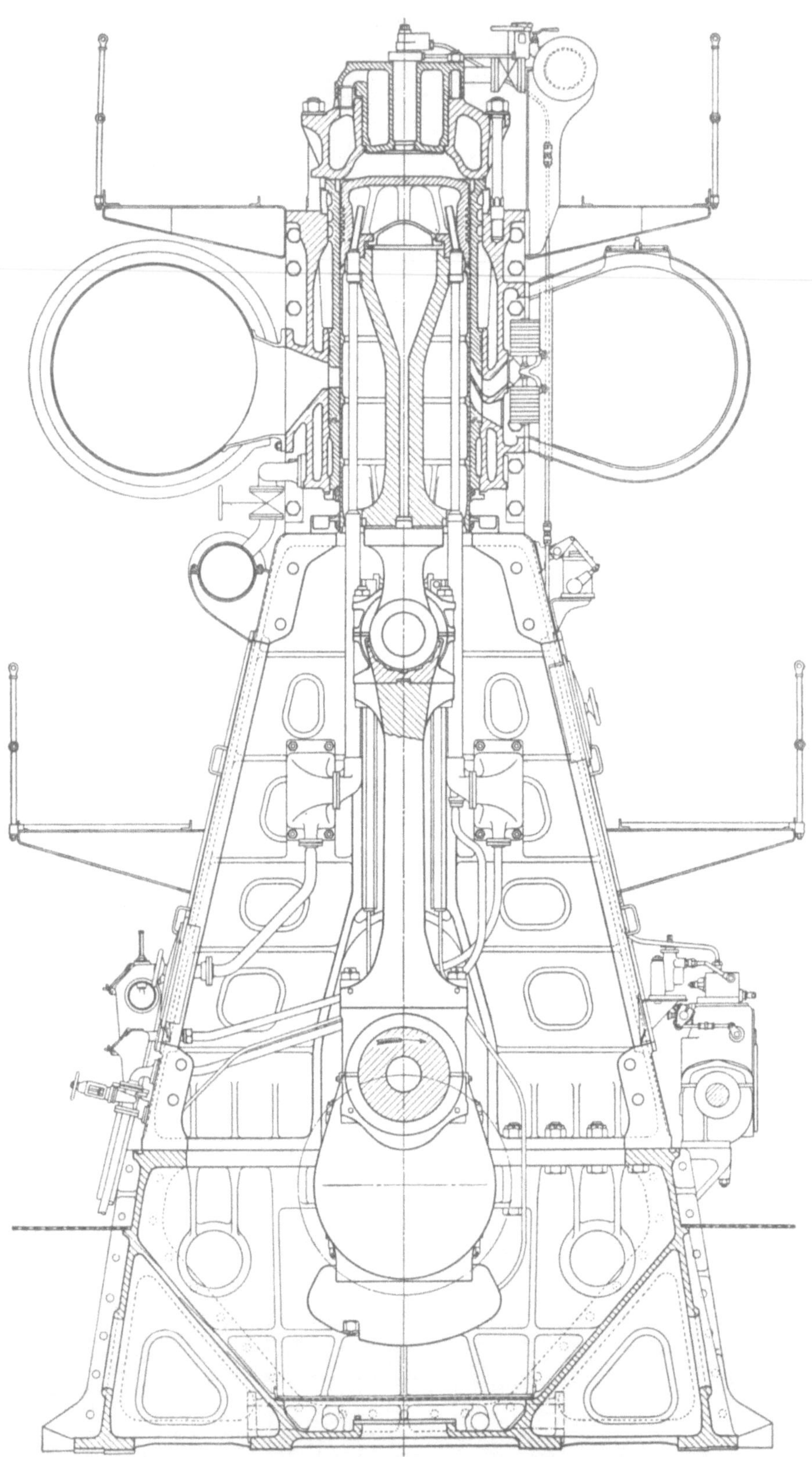

Abb. 61. Sulzer-Zweitaktdiesel mit unmittelbarer Einspritzung.
$z = 8$, $D = 760$, $s = 1250$, $N = 8400$, $n = 145$.
(Bd. 12, Abb. 273.)

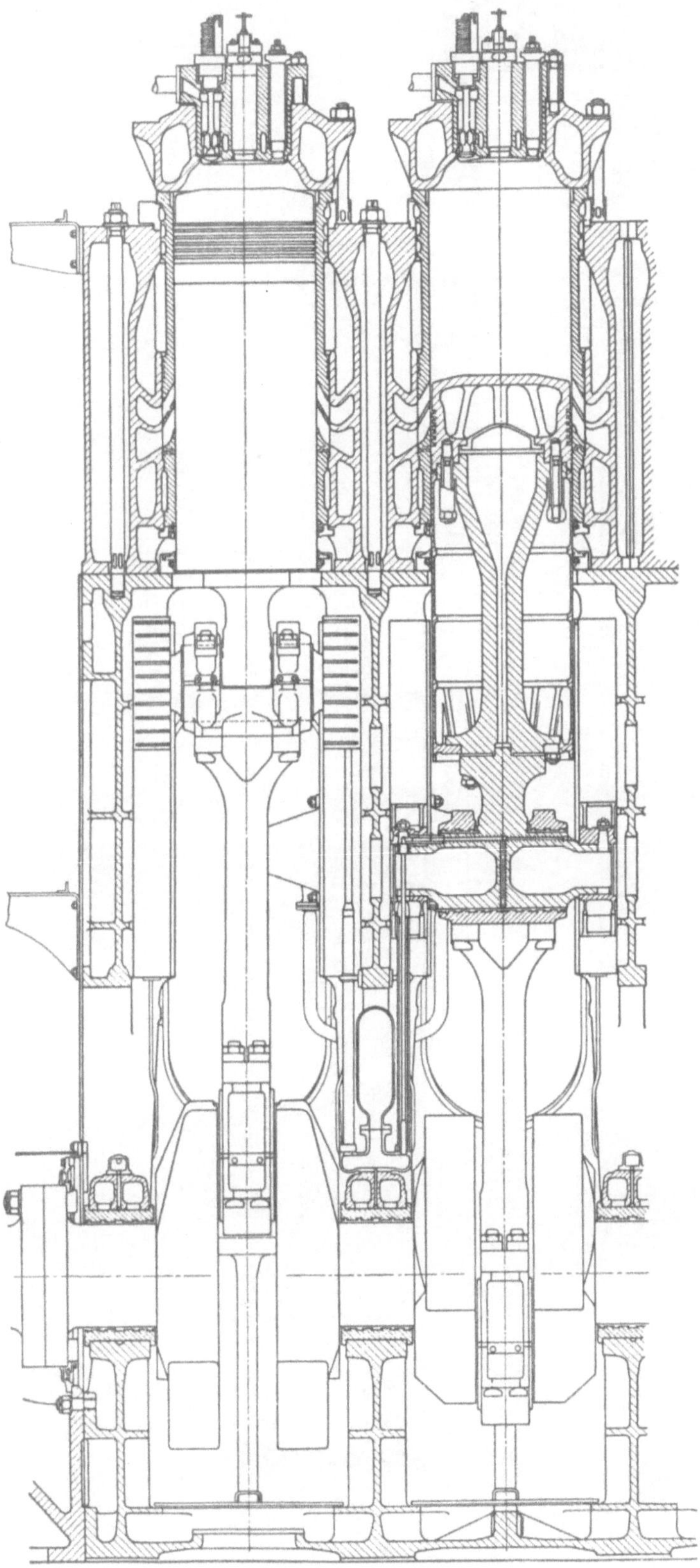

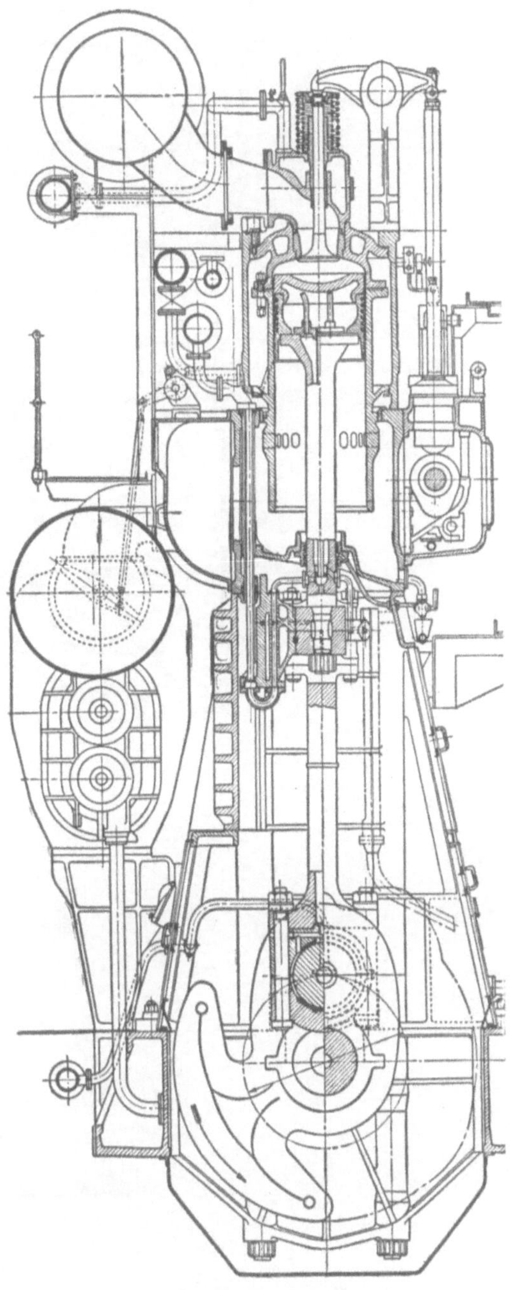

Abb. 62. Zu Abb. 61.
(Bd. 12, Abb. 274.)

Abb. 63. Burmeister-Zweitaktdiesel mit unmittelbarer Einspritzung.
$z = 6$, $D = 620$, $s = 1150$, $N = 3750$, $n = 150$.
(Bd. 12, Abb. 270.)

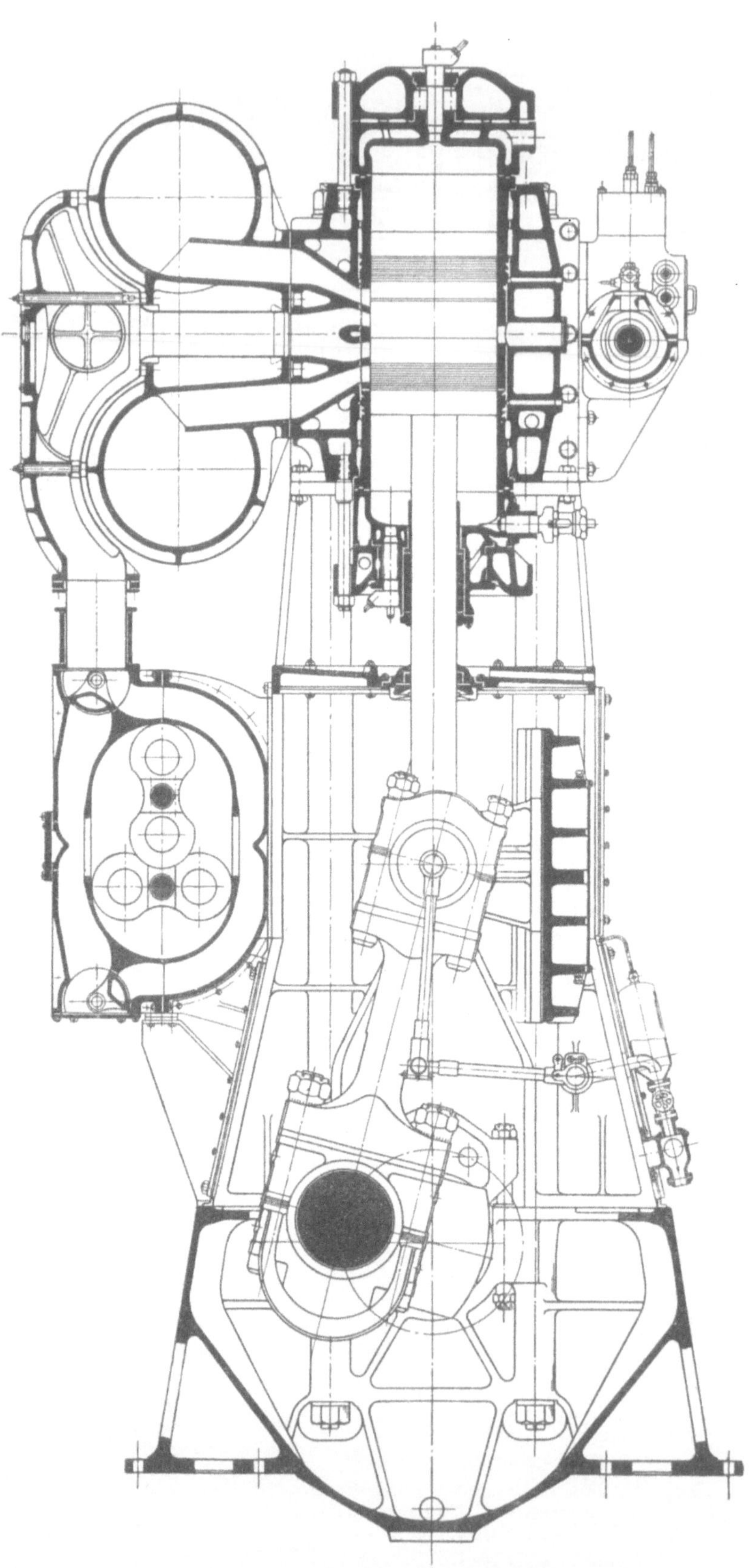

Abb. 64. MAN-Zweitaktdiesel mit unmittelbarer Einspritzung.
$z = 10$, $D = 530$, $s = 760$, $N = 6250$, $n = 215$.
(Bd. 12, Abb. 275.)

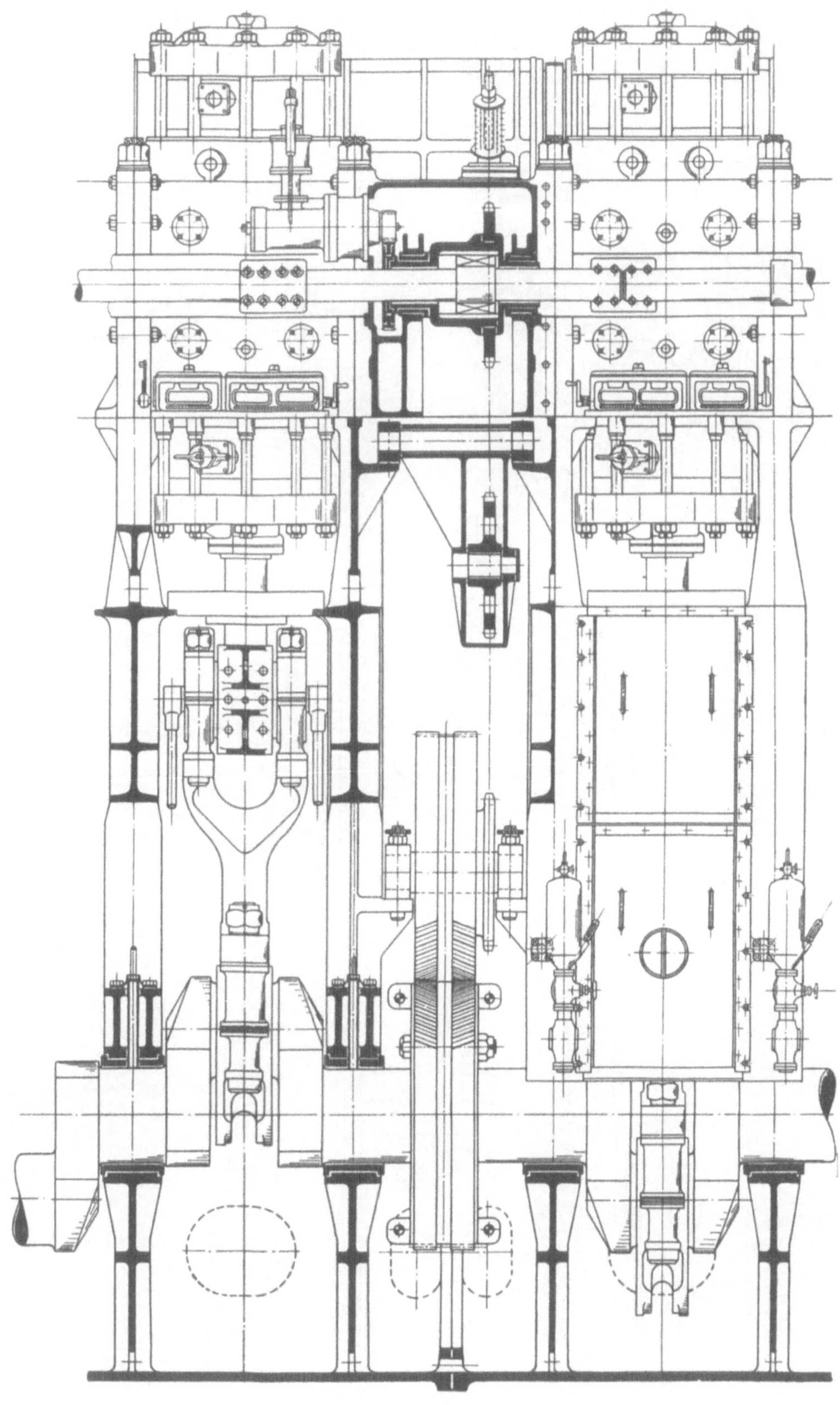

Abb. 65. Zu Abb. 64.
(Bd. 12, Abb. 276.)

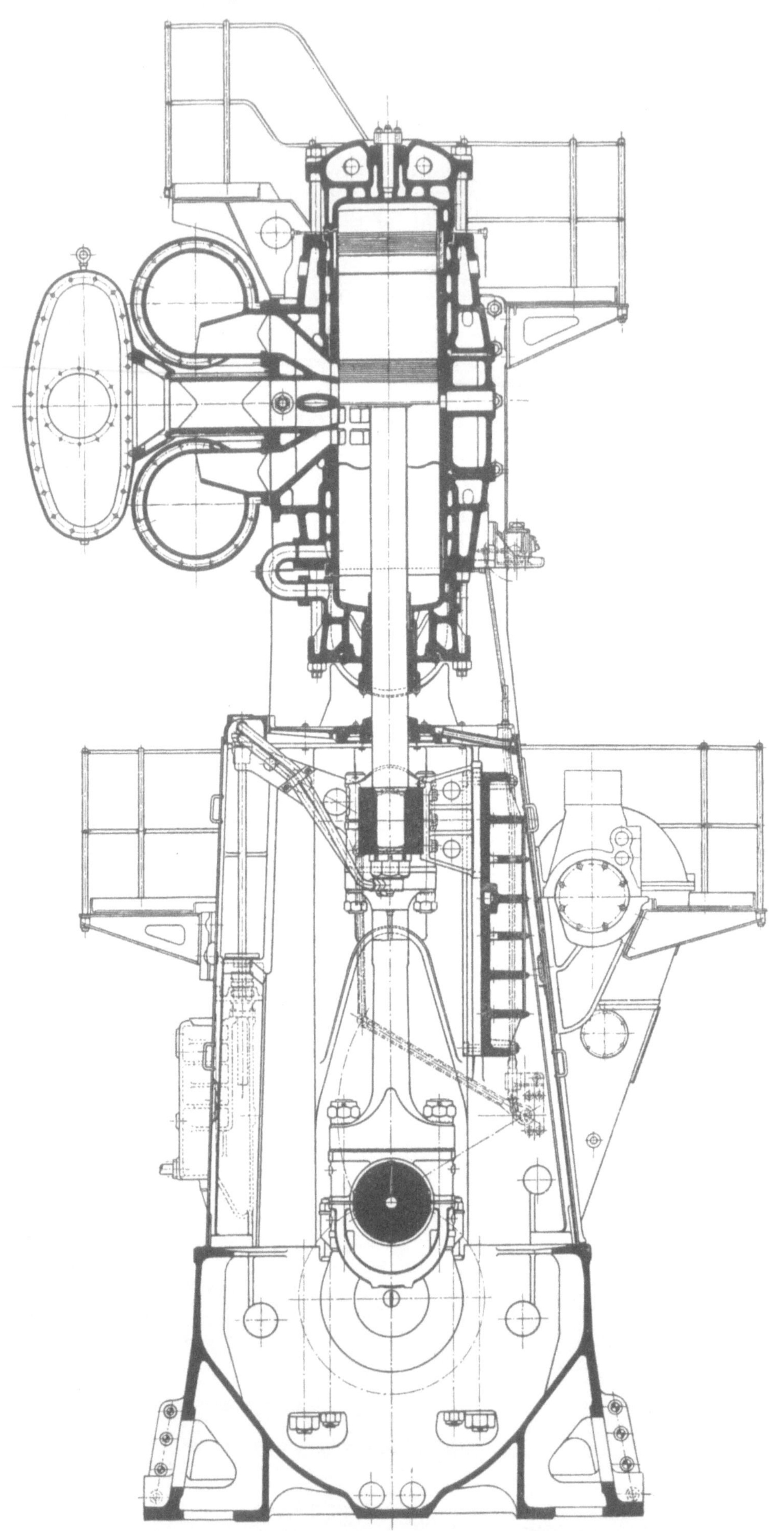

Abb. 66. MAN-Zweitaktdiesel mit unmittelbarer Einspritzung.
$D = 600$, $s = 1100$, $N = 8000$, $n = 140$.
(Bd. 12, Abb. 279.)

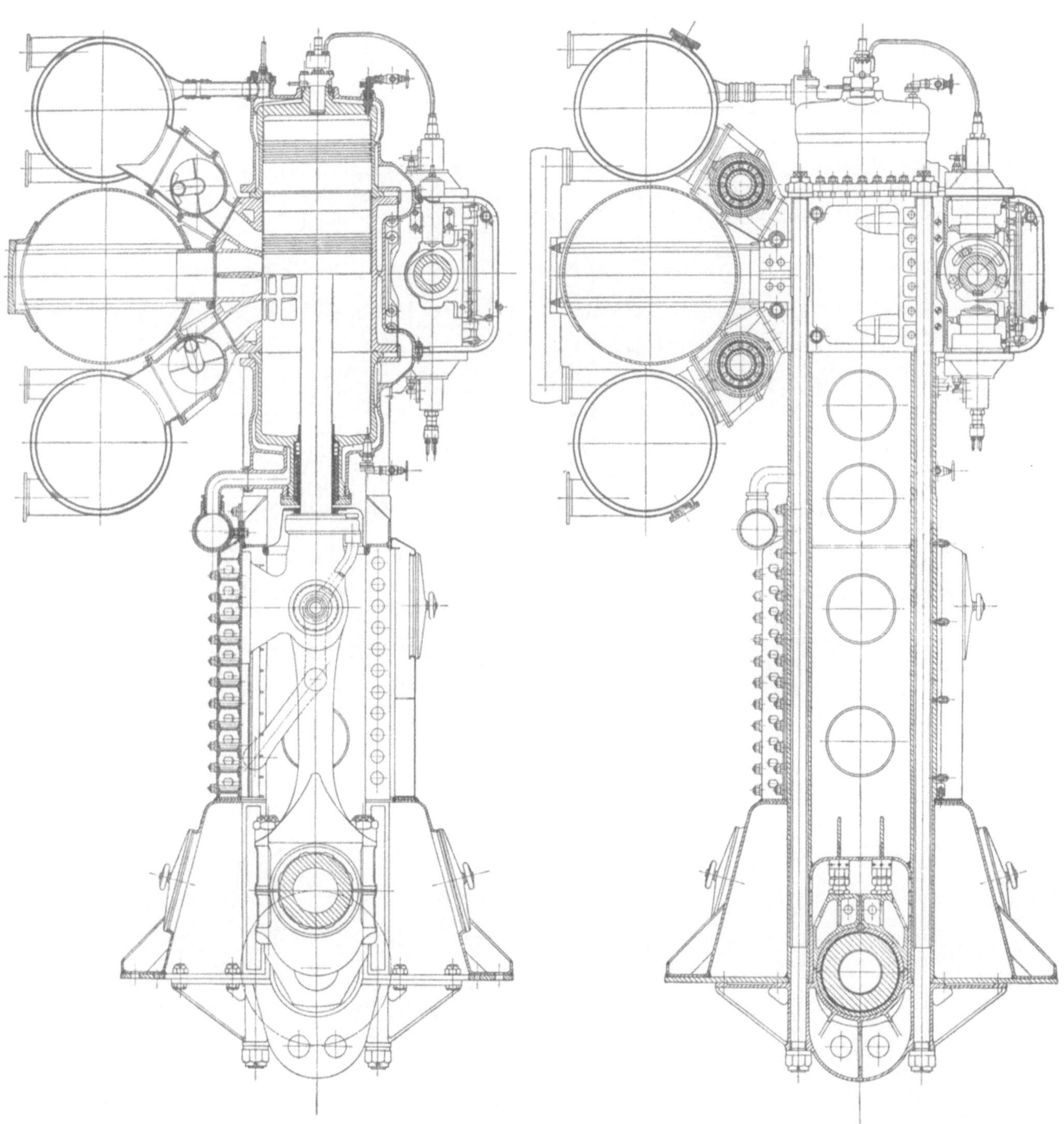

Abb. 67. MAN-Zweitaktdiesel mit unmittelbarer Einspritzung.
$z = 8$, $D = 420$, $s = 580$, $N = 5600$, $n = 450$.
(Bd. 12, Abb. 281.)

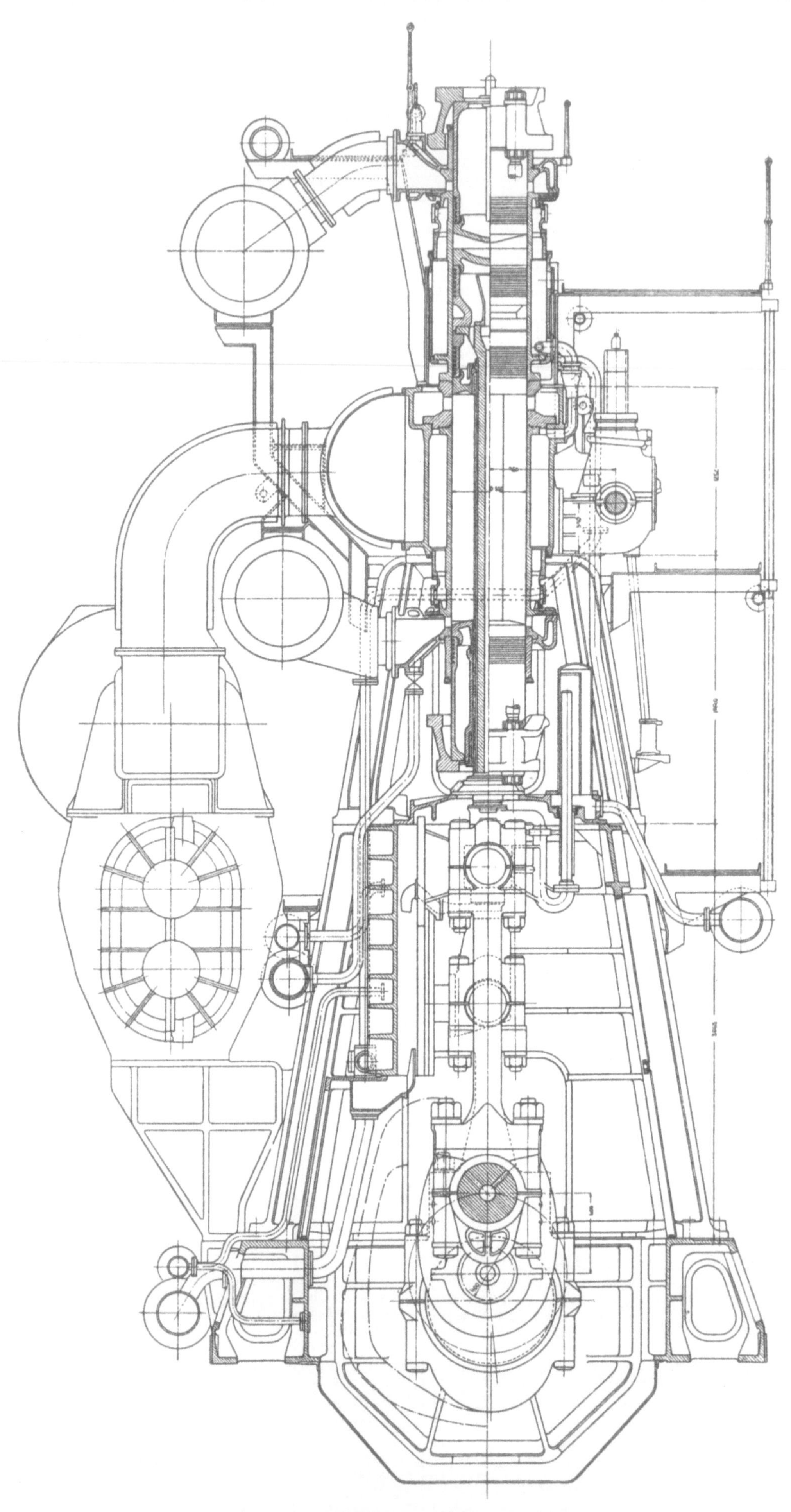

Abb. 68. Burmeister-Zweitaktdiesel mit unmittelbarer Einspritzung.
$z = 8$, $D = 550$, $s = 1200$, $N = 1200$, $n = 140$.
(Bd. 12, Abb. 289.)

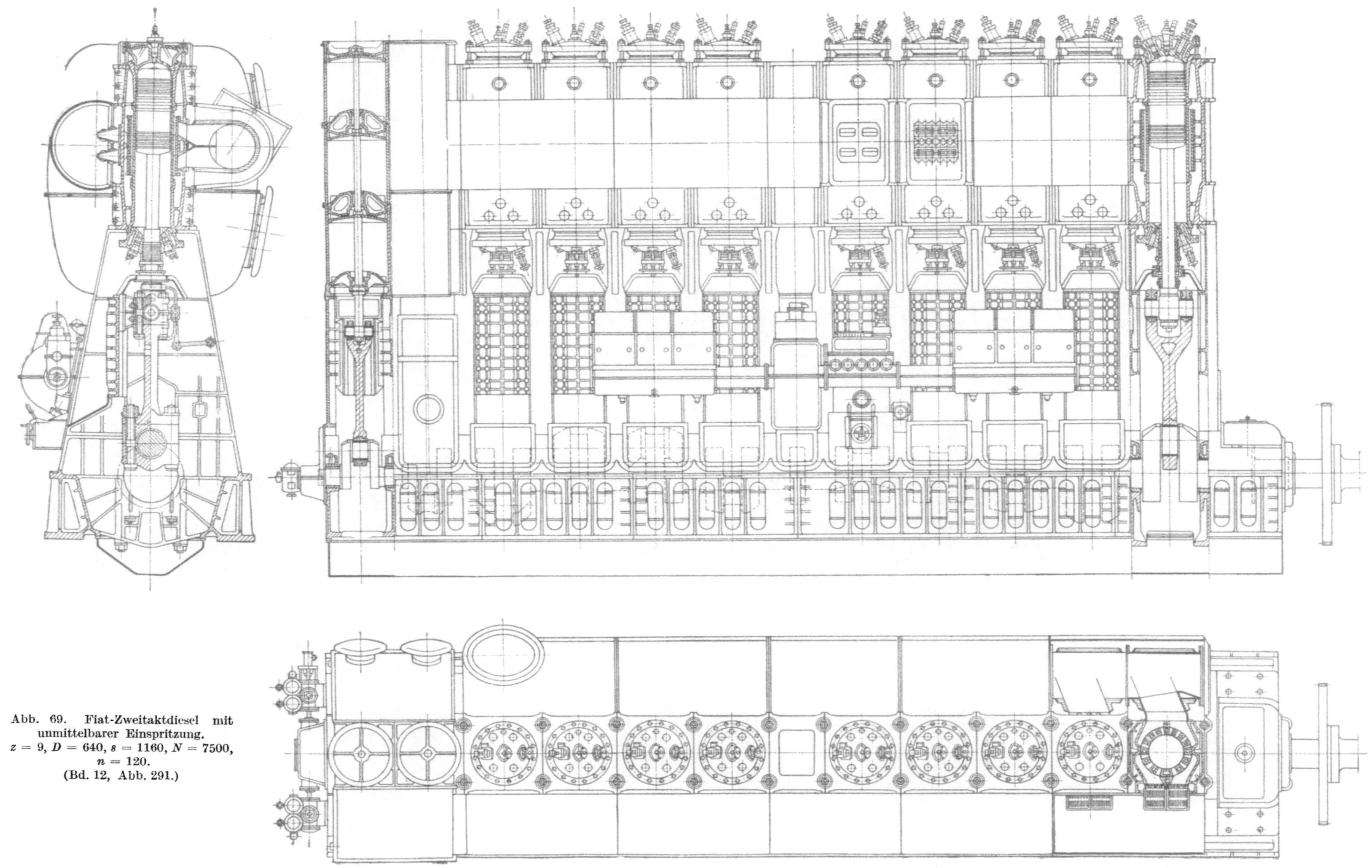

Abb. 69. Fiat-Zweitaktdiesel mit unmittelbarer Einspritzung. $z = 9$, $D = 640$, $s = 1160$, $N = 7500$, $n = 120$. (Bd. 12, Abb. 291.)

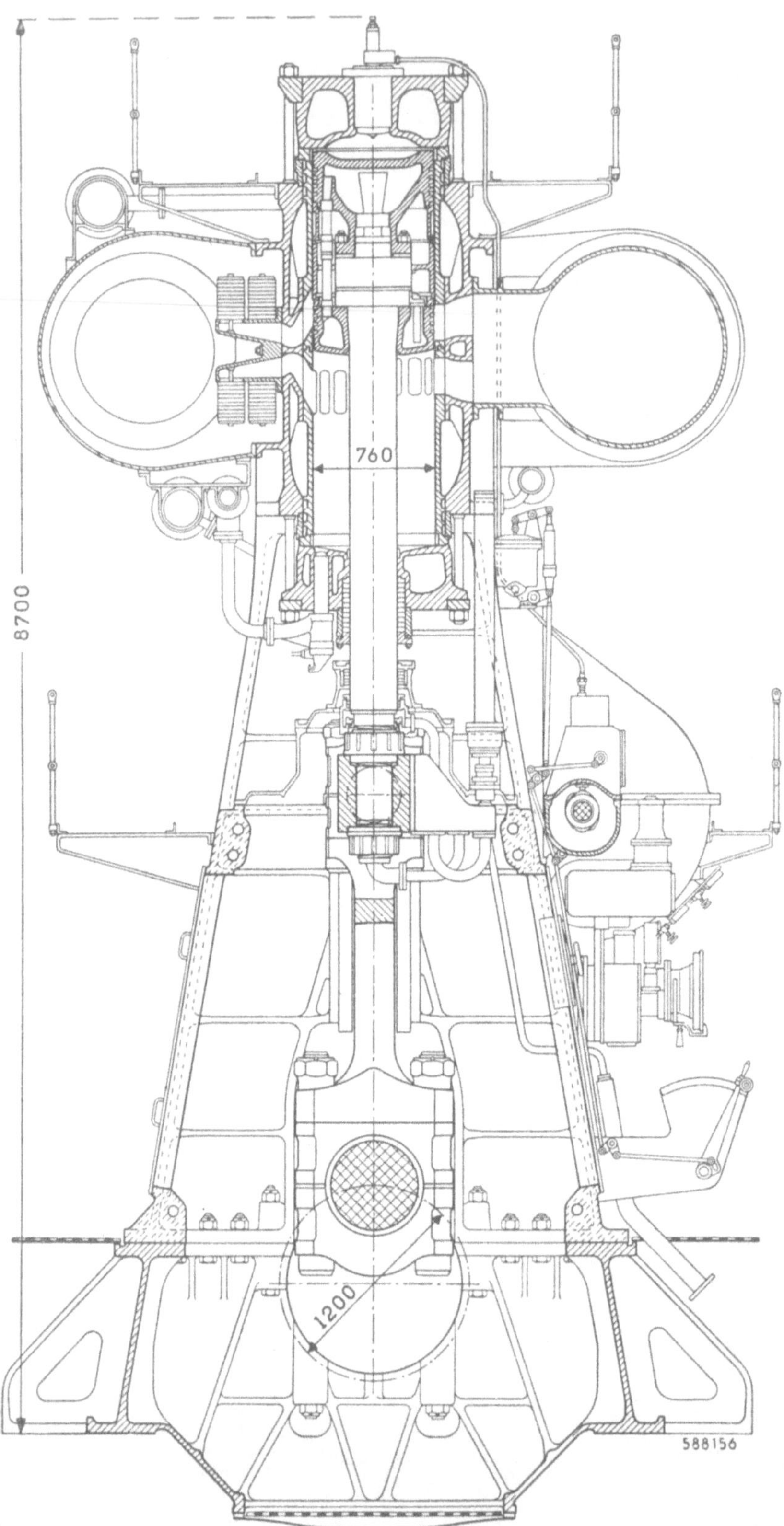

Abb. 70. Sulzer-Zweitaktdiesel mit unmittelbarer Einspritzung.
$z = 10$, $D = 760$, $s = 1200$, $N = 20000$, $n = 150$.
(Bd. 12, Abb. 293.)

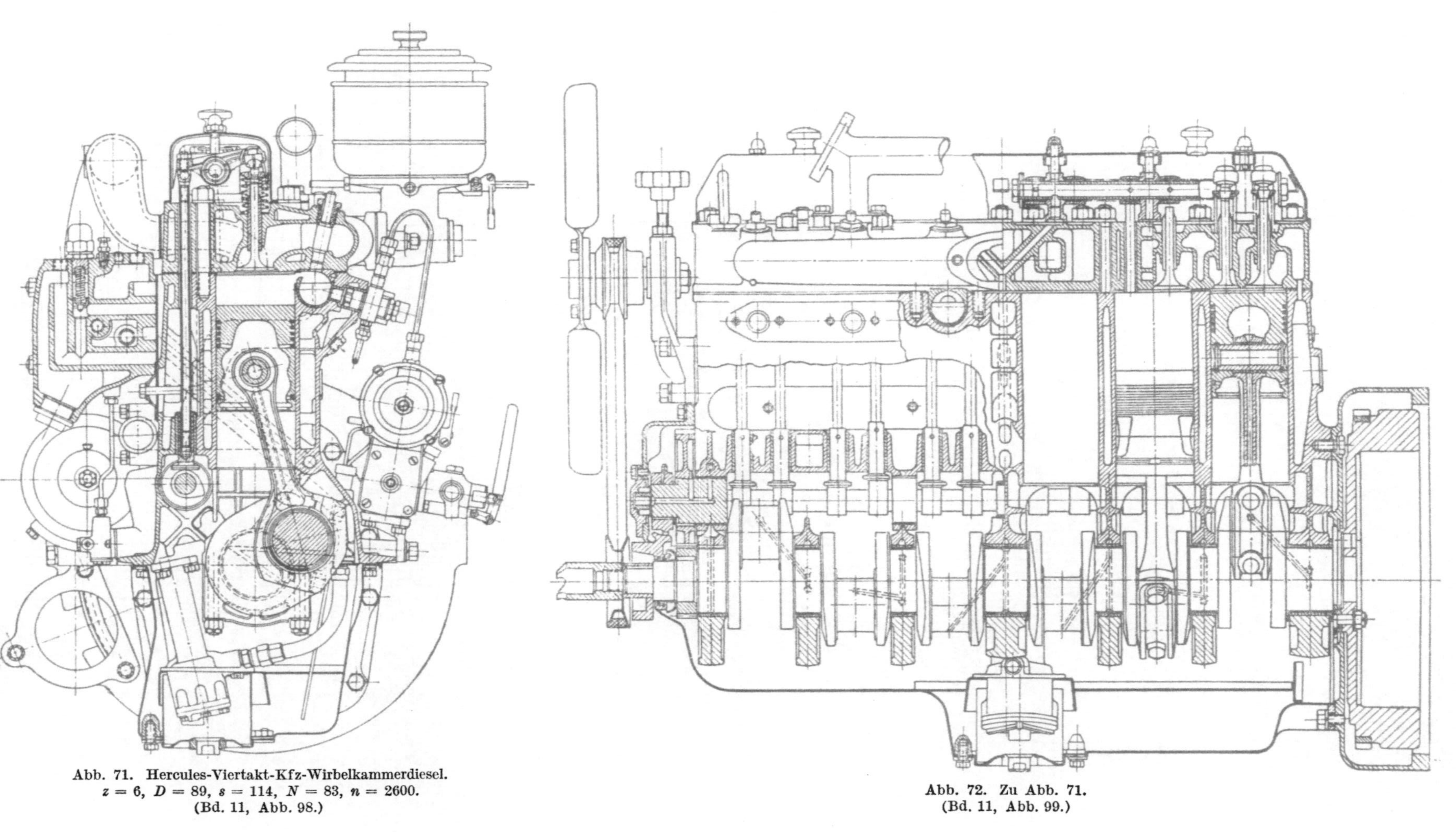

Abb. 71. Hercules-Viertakt-Kfz-Wirbelkammerdiesel.
$z = 6$, $D = 89$, $s = 114$, $N = 83$, $n = 2600$.
(Bd. 11, Abb. 98.)

Abb. 72. Zu Abb. 71.
(Bd. 11, Abb. 99.)

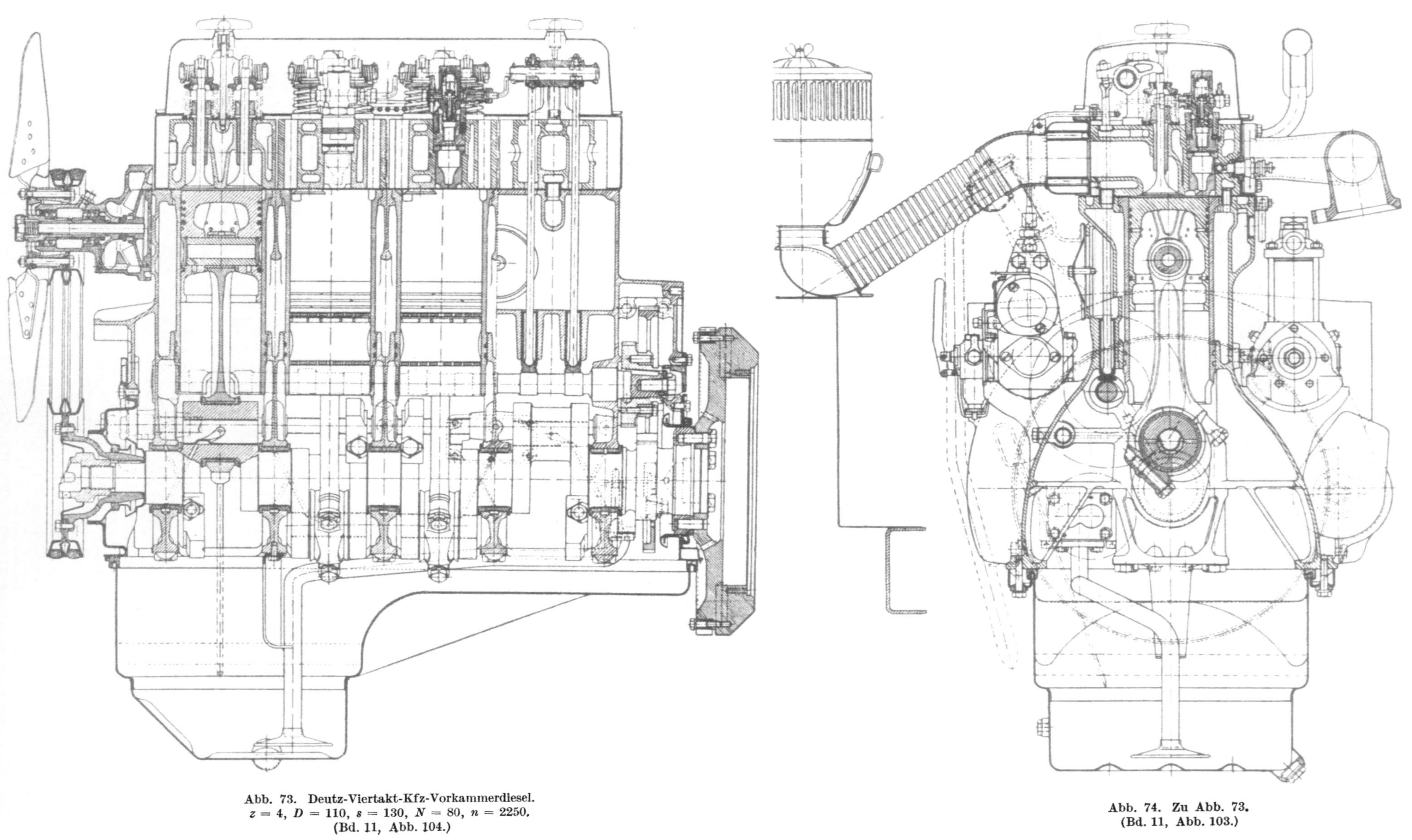

Abb. 73. Deutz-Viertakt-Kfz-Vorkammerdiesel.
$z = 4$, $D = 110$, $s = 130$, $N = 80$, $n = 2250$.
(Bd. 11, Abb. 104.)

Abb. 74. Zu Abb. 73.
(Bd. 11, Abb. 103.)

Abb. 75. Zu Abb. 73.
(Bd. 11, Abb. 105.)

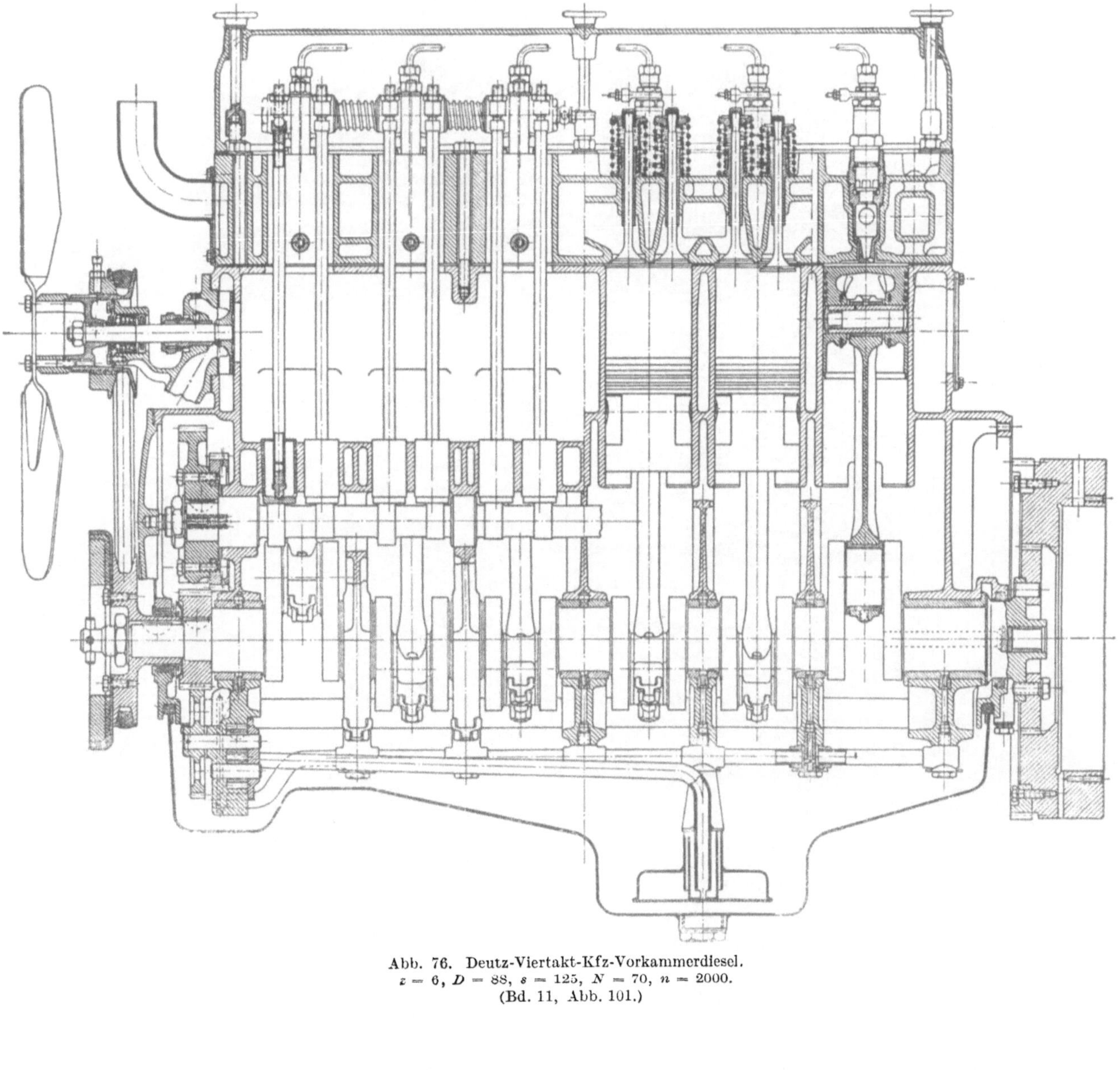

Abb. 76. Deutz-Viertakt-Kfz-Vorkammerdiesel.
$z = 6$, $D = 88$, $s = 125$, $N = 70$, $n = 2000$.
(Bd. 11, Abb. 101.)

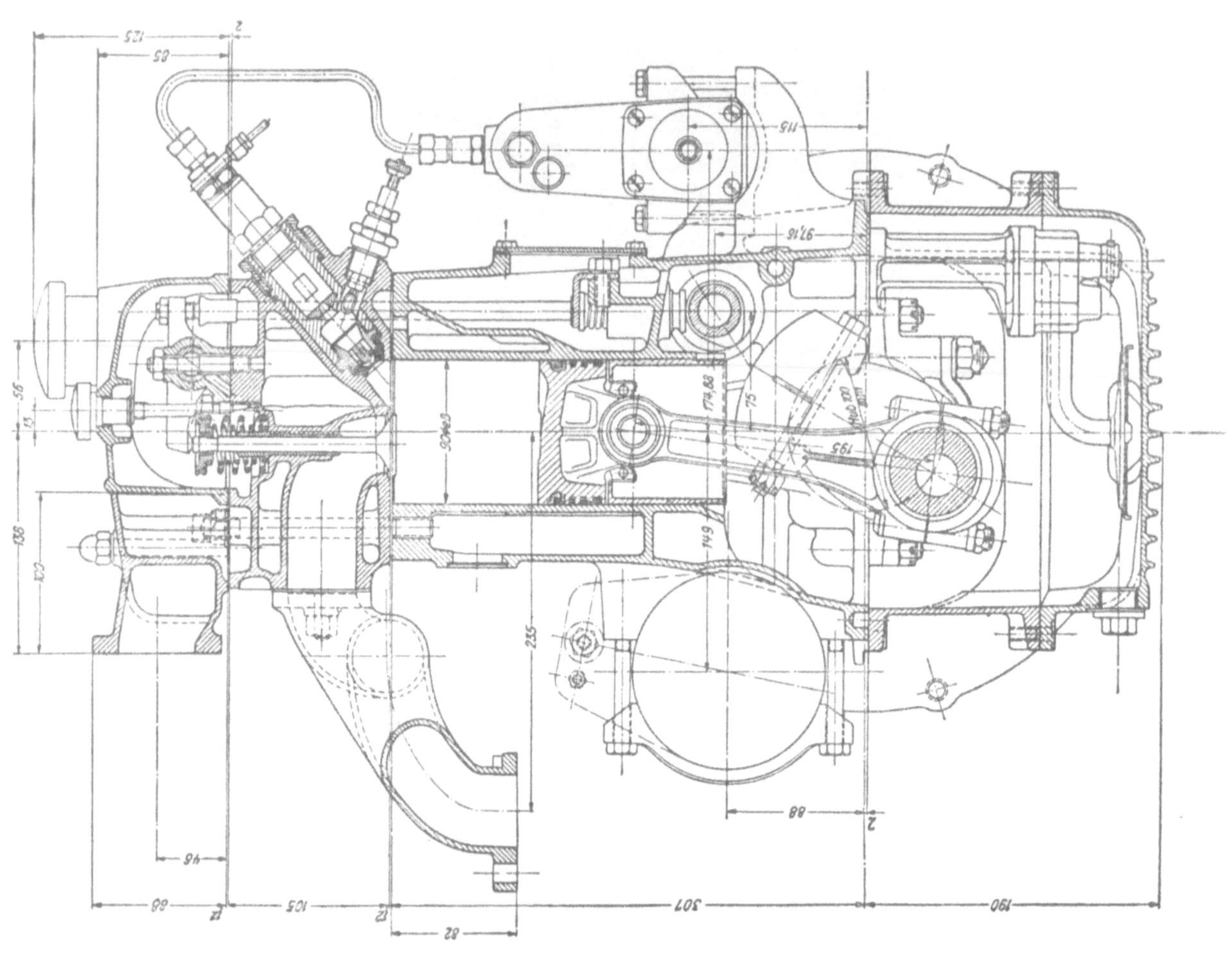

Abb. 78. DB-Viertakt-Kfz-Vorkammerdiesel.
$z = 4$, $D = 90$, $s = 100$, $N = 45$, $n = 3000$.
(Bd. 11, Abb. 95.)

Abb. 77. Zu Abb. 76.
(Bd. 11, Abb. 100.)

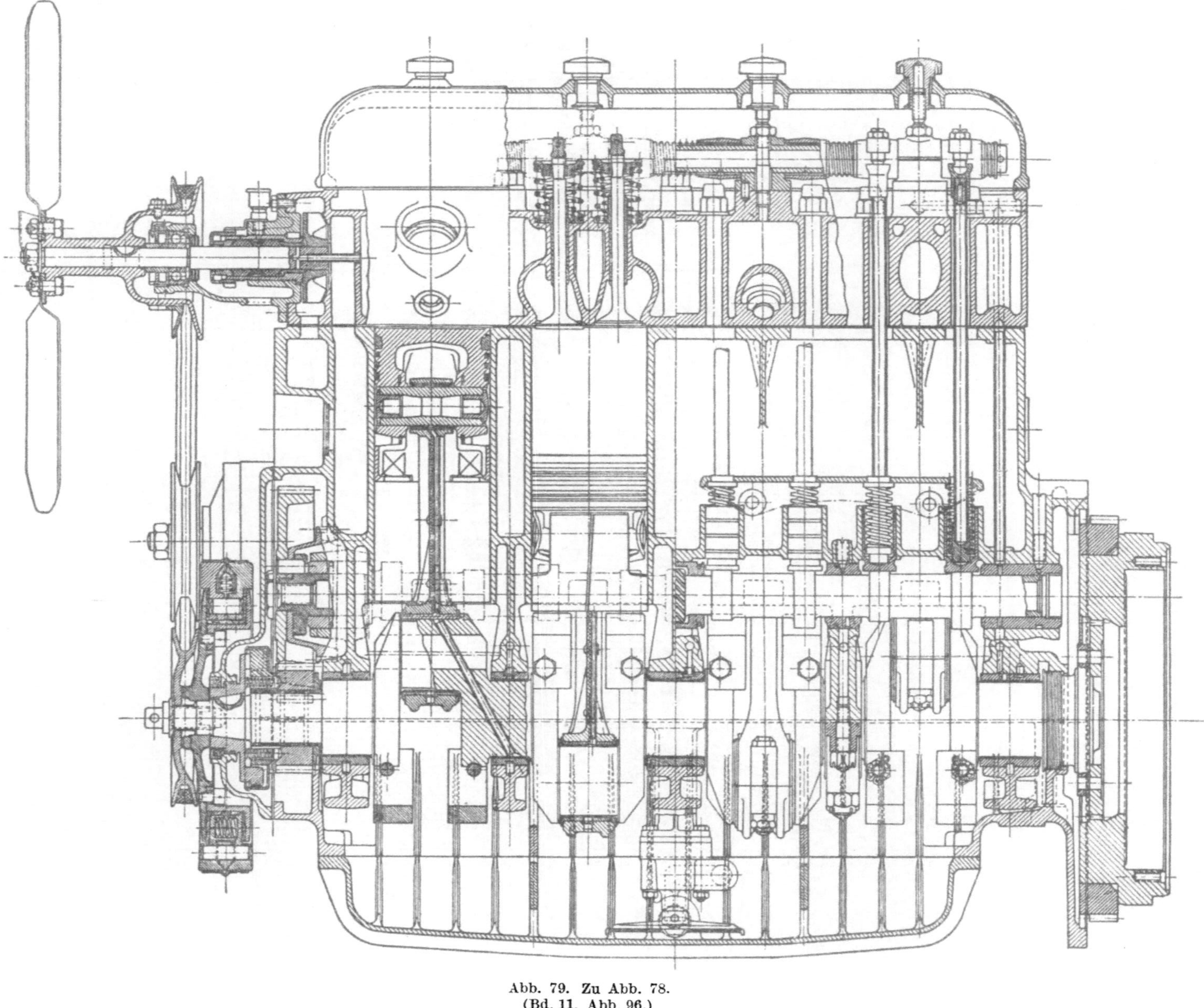

Abb. 79. Zu Abb. 78.
(Bd. 11, Abb. 96.)

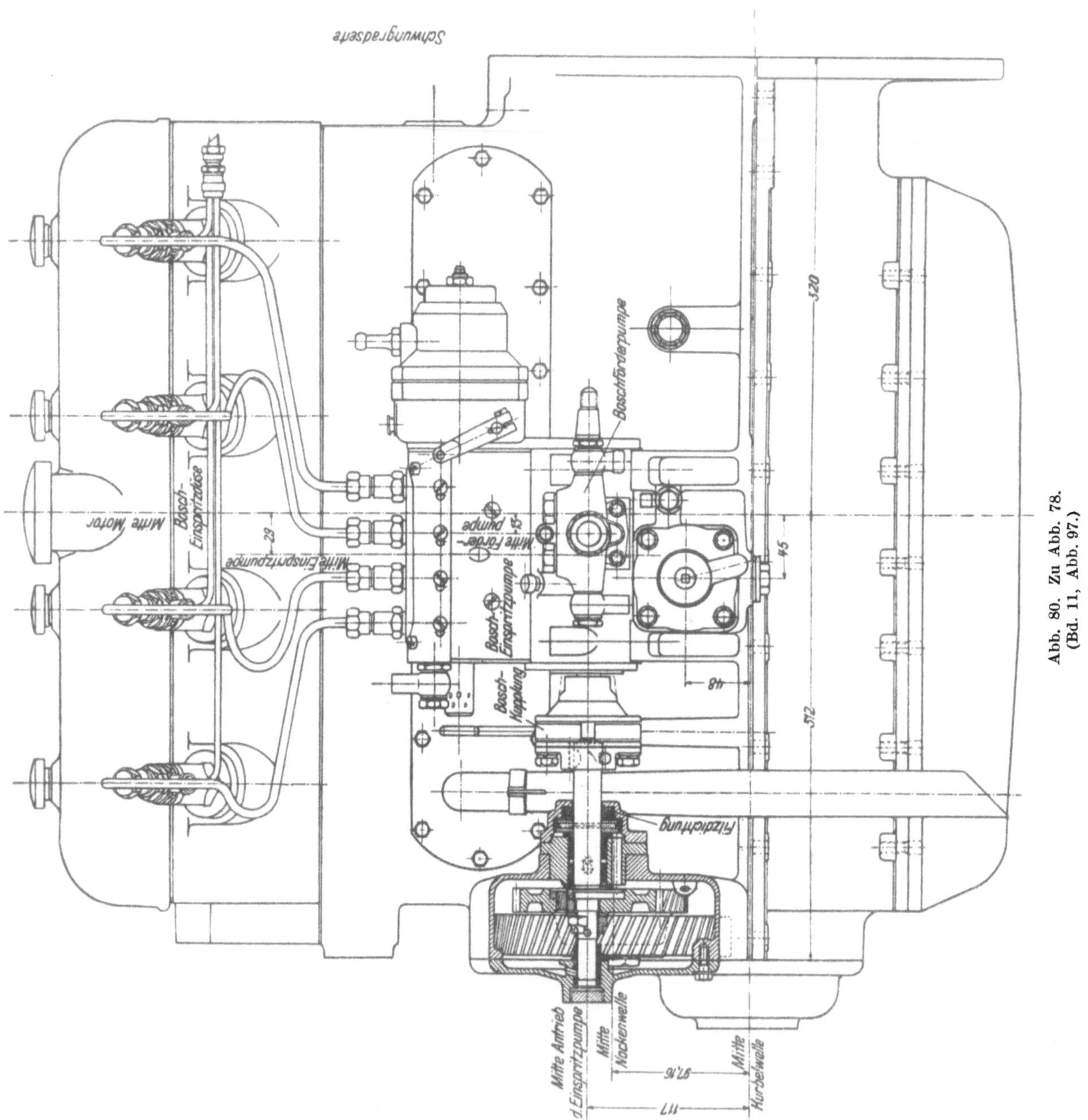

Abb. 80. Zu Abb. 78.
(Bd. 11, Abb. 97.)

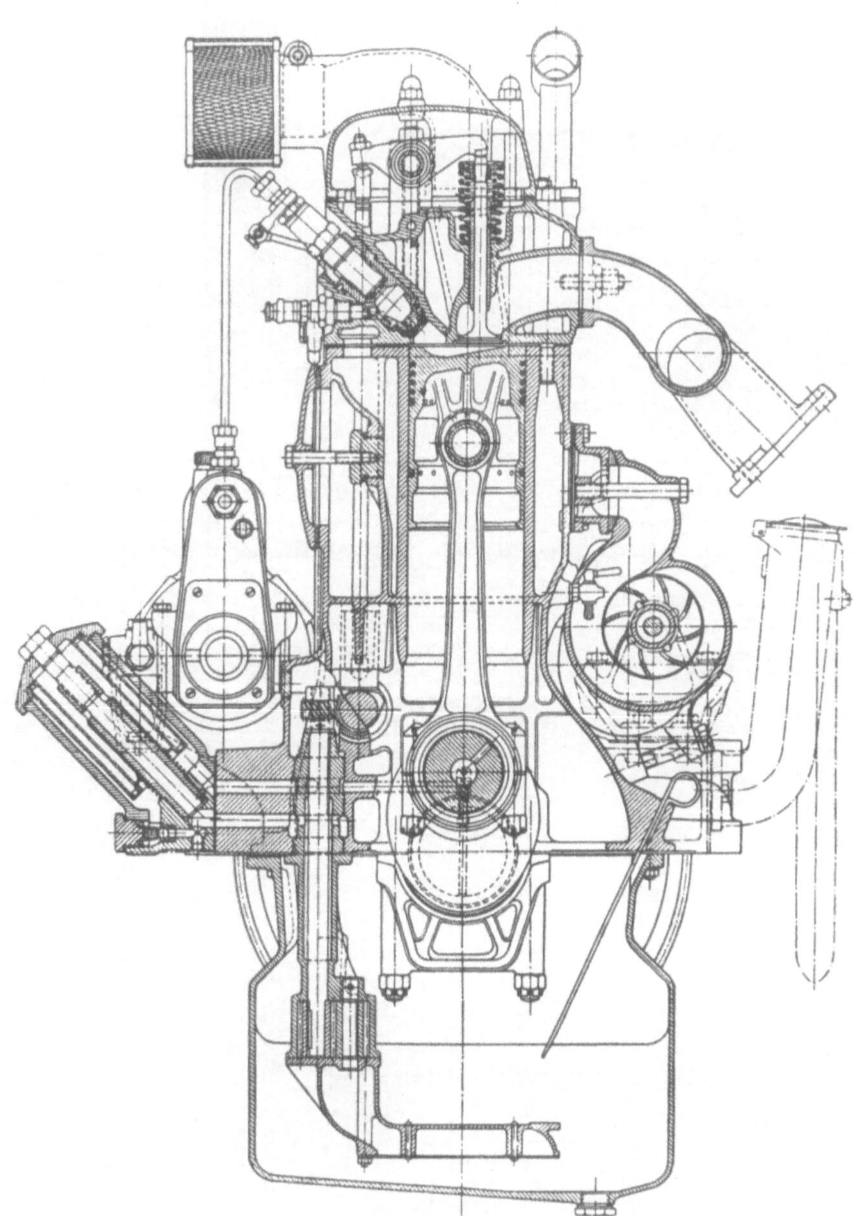

Abb. 81. DB-Viertakt-Kfz-Vorkammerdiesel.
$z = 6$, $D = 105$, $s = 140$. $N = 120$, $n = 2250$.
(Bd. 11, Abb. 110.)

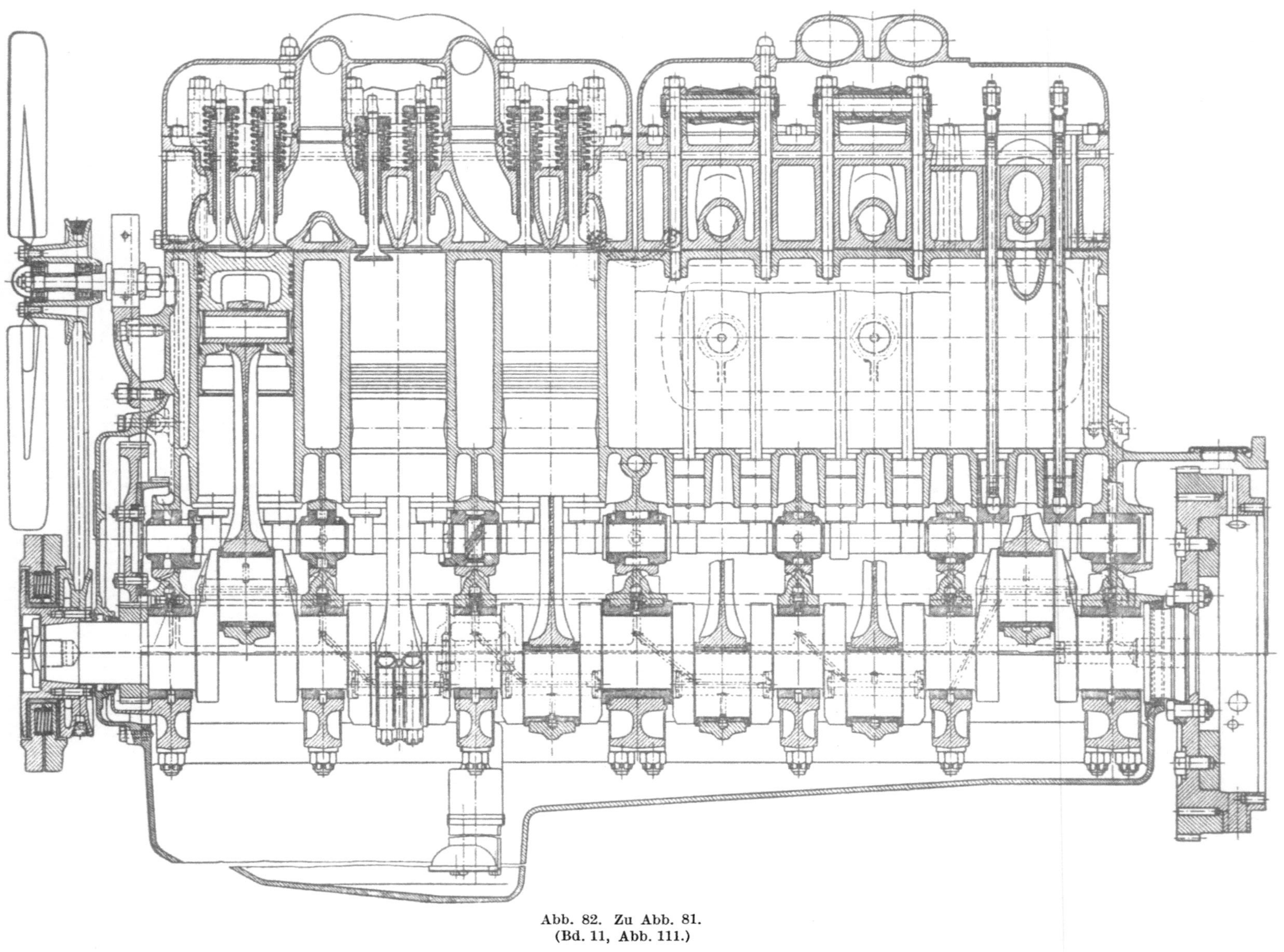

Abb. 82. Zu Abb. 81. (Bd. 11, Abb. 111.)

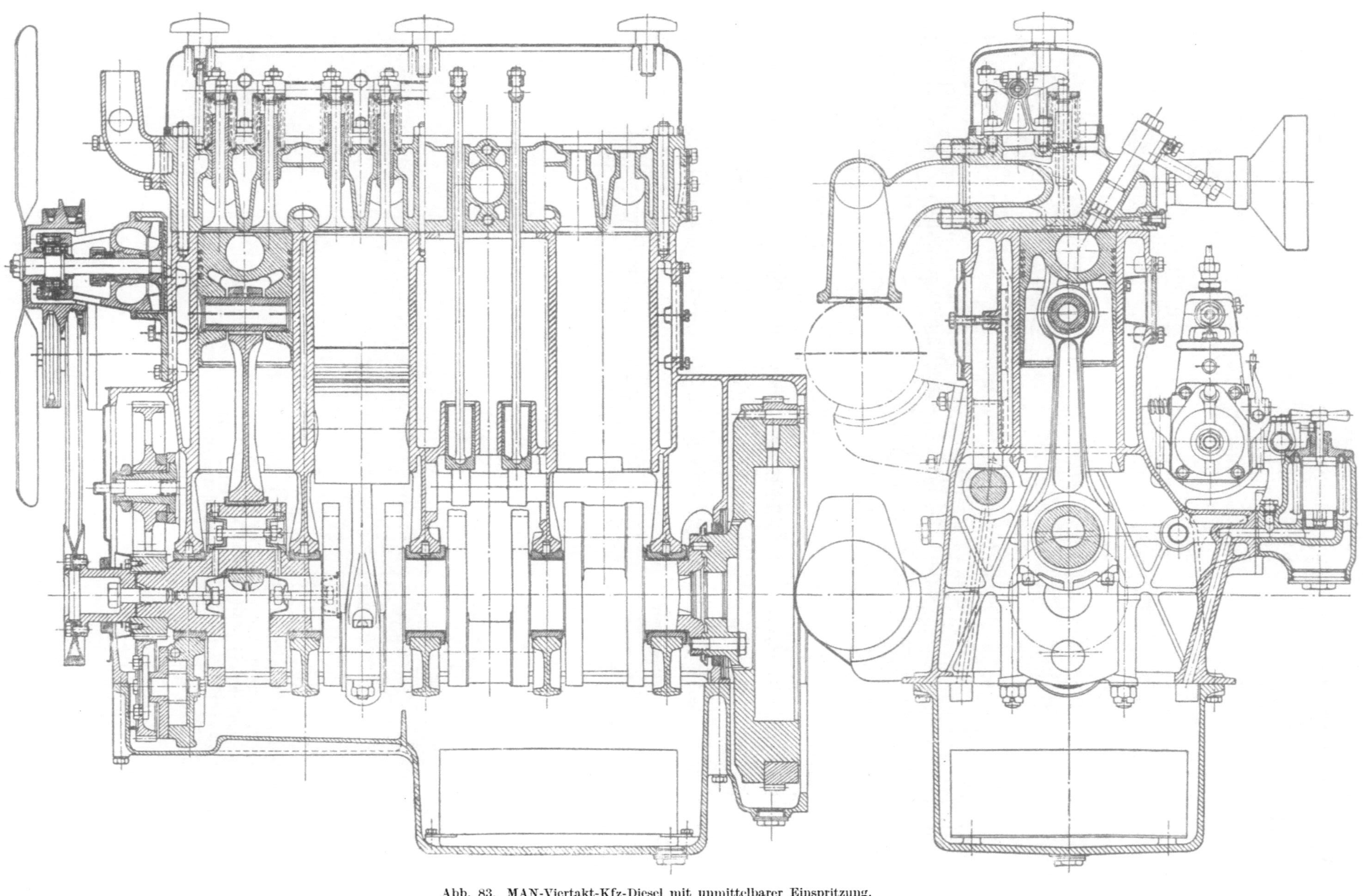

Abb. 83. MAN-Viertakt-Kfz-Diesel mit unmittelbarer Einspritzung.
$z = 4$, $D = 105$, $s = 130$, $N = 70$, $n = 2200$.
(Bd. 11, Abb. 102.)

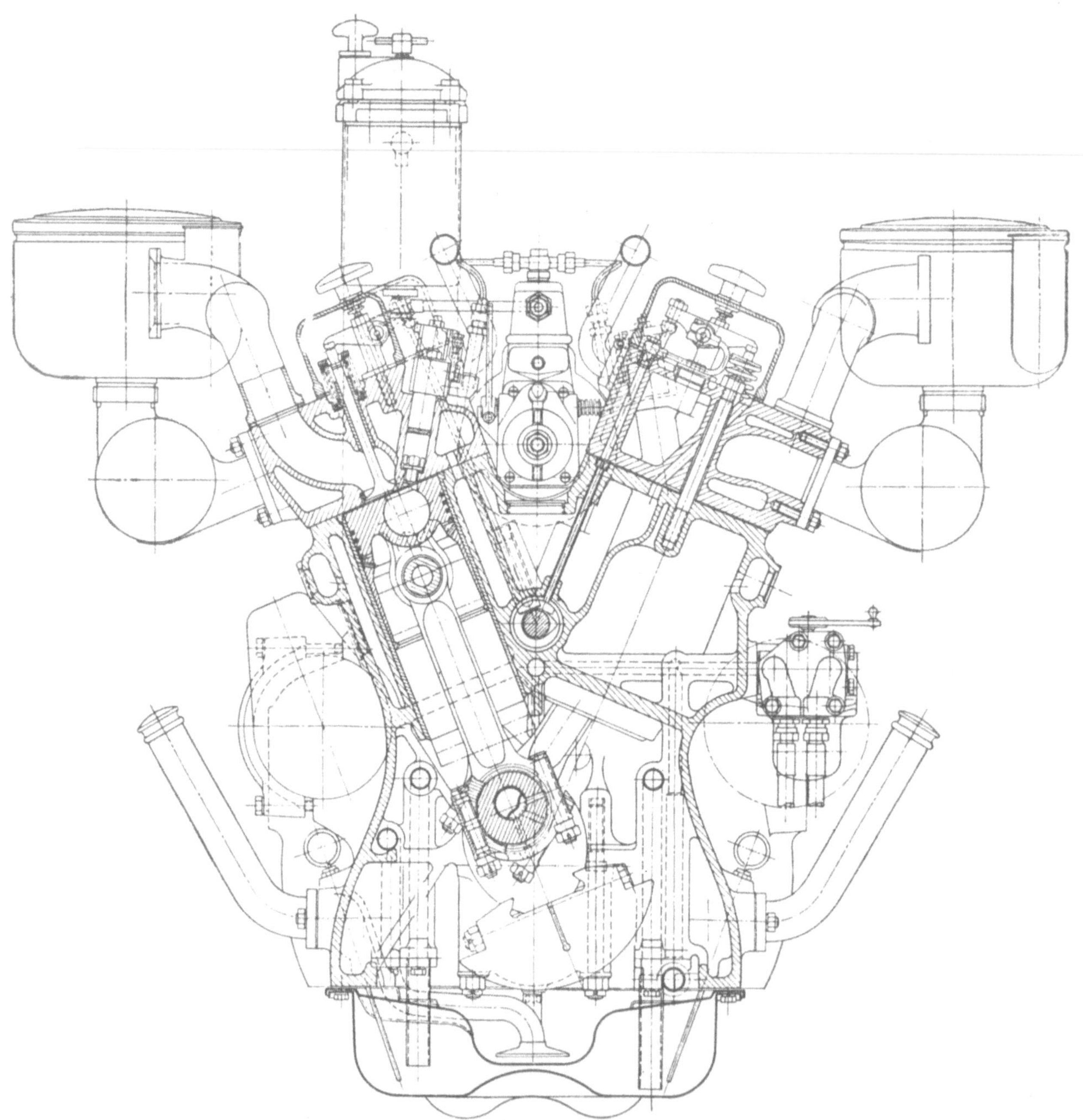

Abb. 84. MAN-Viertakt-Kfz-Diesel mit unmittelbarer Einspritzung.
$z = 8$, $D = 110$, $s = 130$, $N = 175$, $n = 2400$.
(Bd. 11, Abb. 112.)

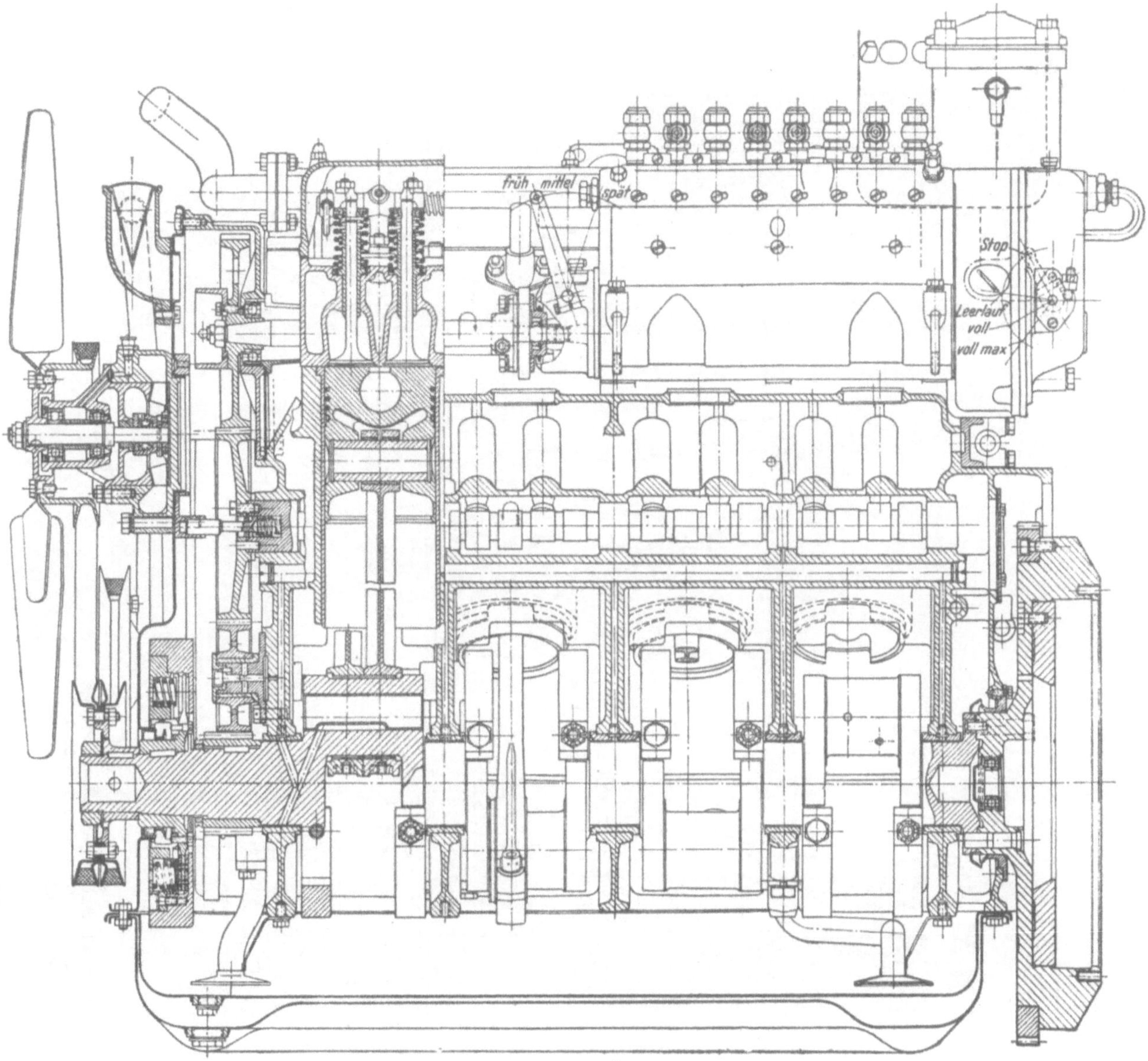

Abb. 85. Zu Abb. 84. (Bd. 11, Abb. 113.)

Abb. 86. Zu Abb. 84. (Bd. 11, Abb. 114.)

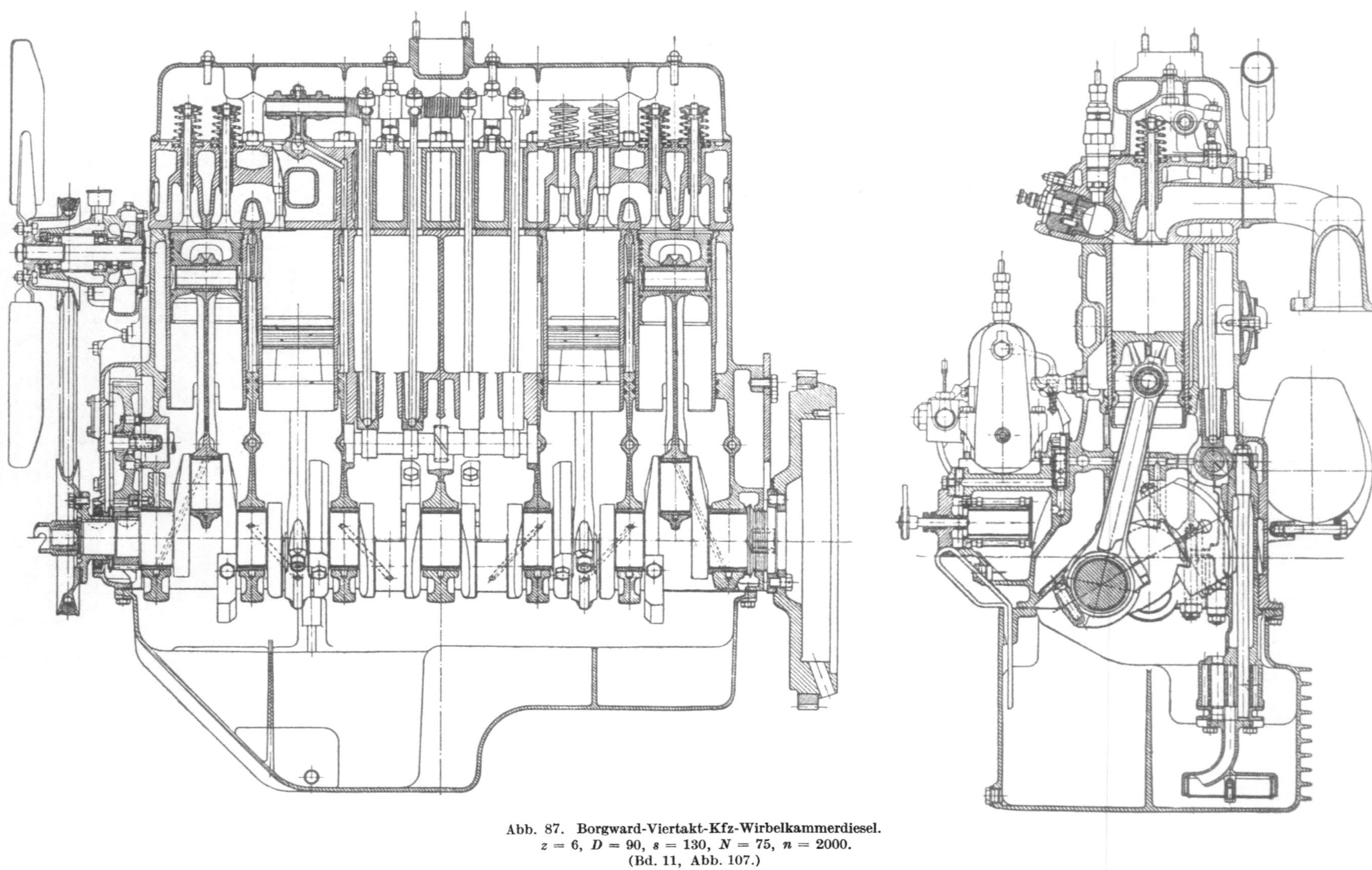

Abb. 87. Borgward-Viertakt-Kfz-Wirbelkammerdiesel.
$z = 6$, $D = 90$, $s = 130$, $N = 75$, $n = 2000$.
(Bd. 11, Abb. 107.)

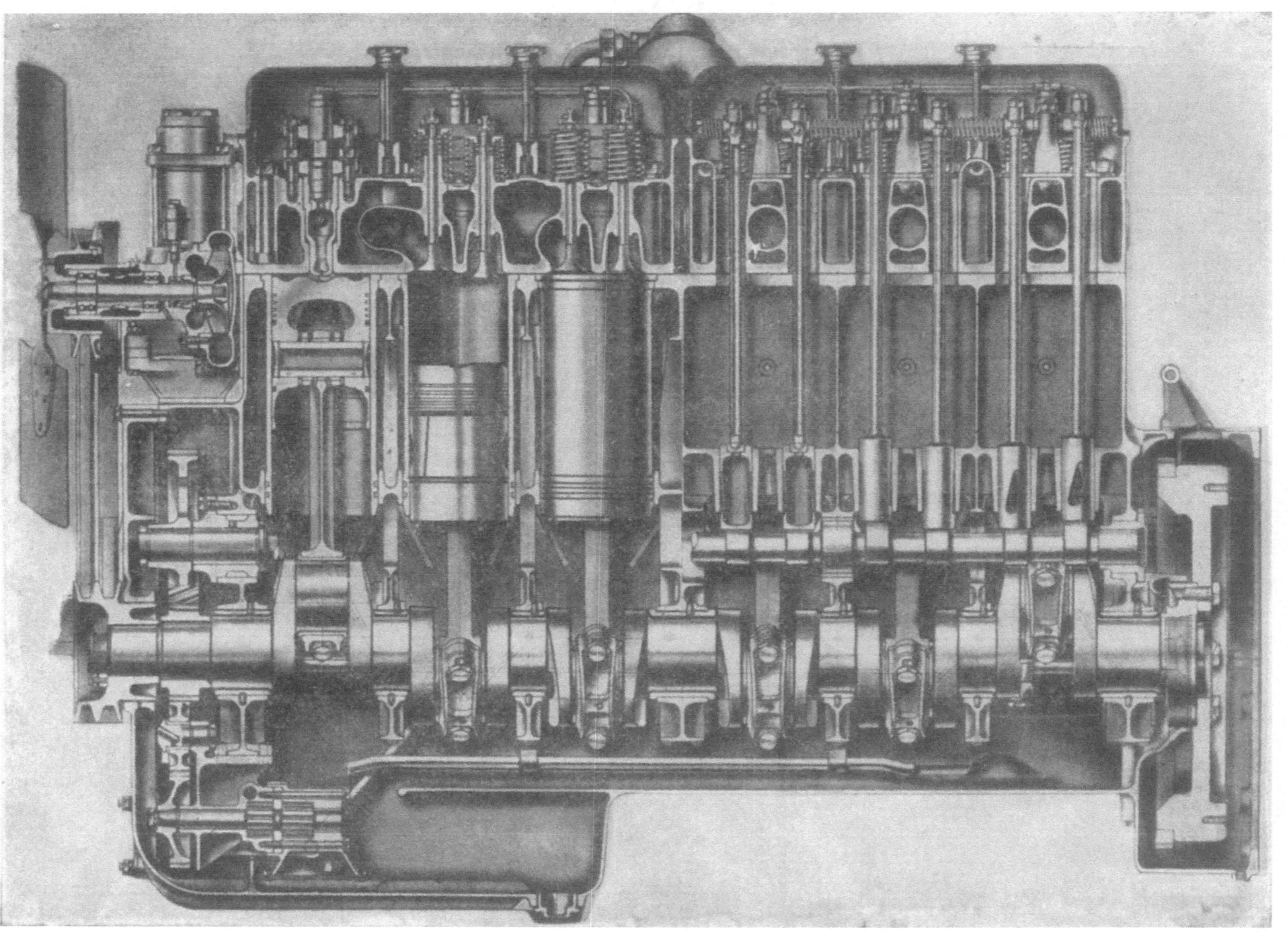

Abb. 88. Büssing-Viertakt-Kfz-Vorkammerdiesel.
$z = 6$, $D = 110$, $s = 130$, $N = 105$, $n = 1800$.
(Bd. 11, Abb. 109.)

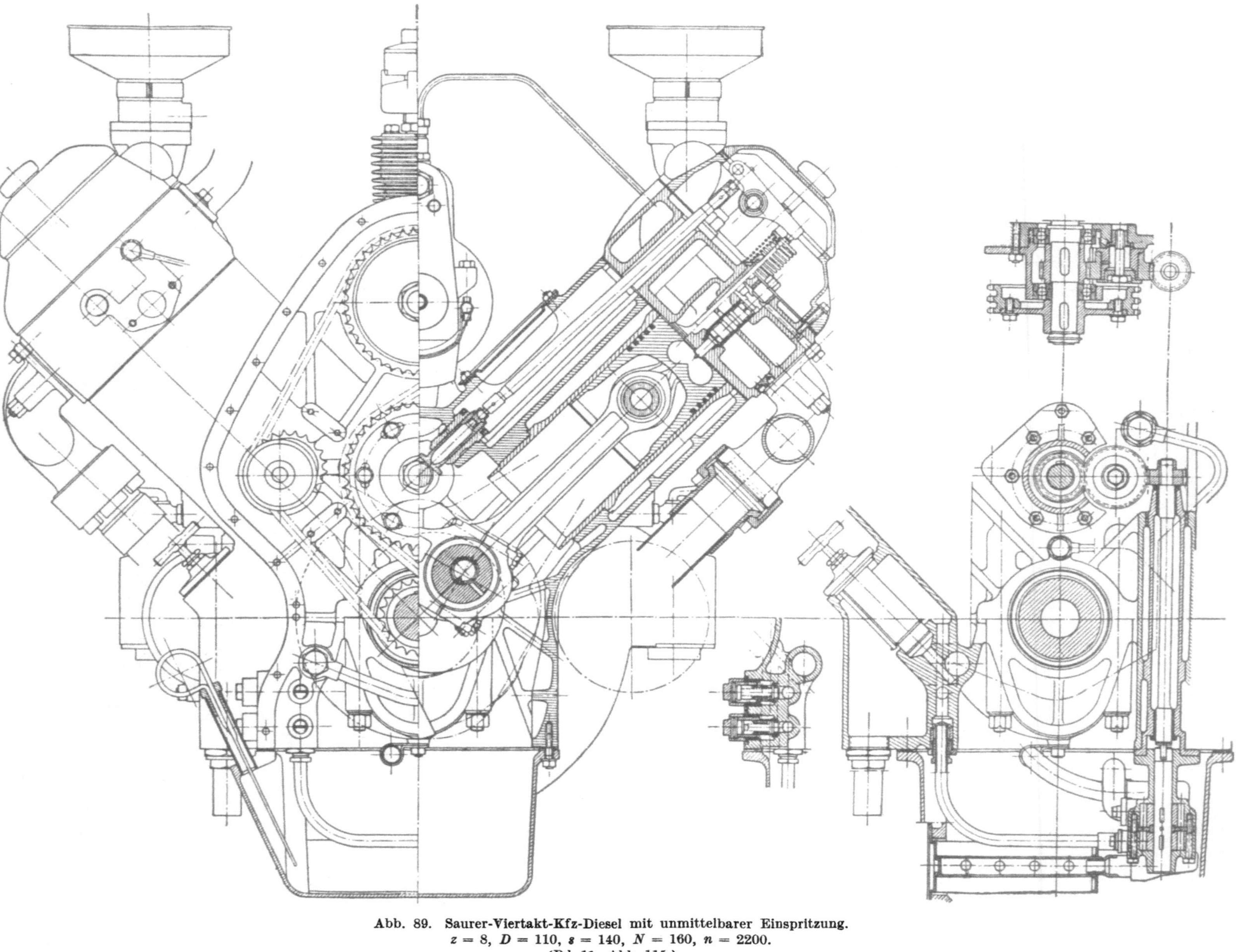

Abb. 89. Saurer-Viertakt-Kfz-Diesel mit unmittelbarer Einspritzung.
$z = 8$, $D = 110$, $s = 140$, $N = 160$, $n = 2200$.
(Bd. 11, Abb. 115.)

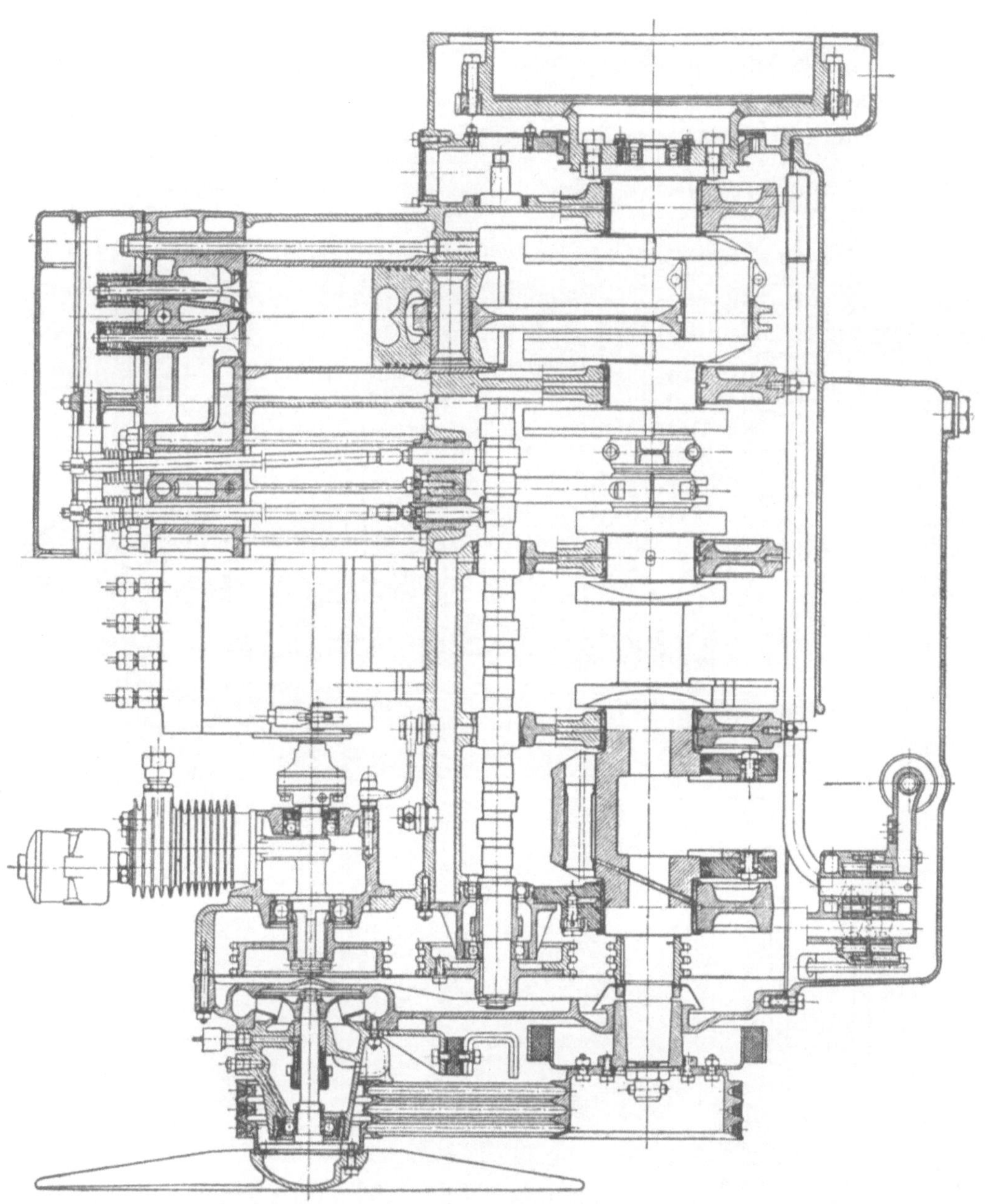

Abb. 90. Zu Abb. 89. (Bd. II, Abb. 116.)

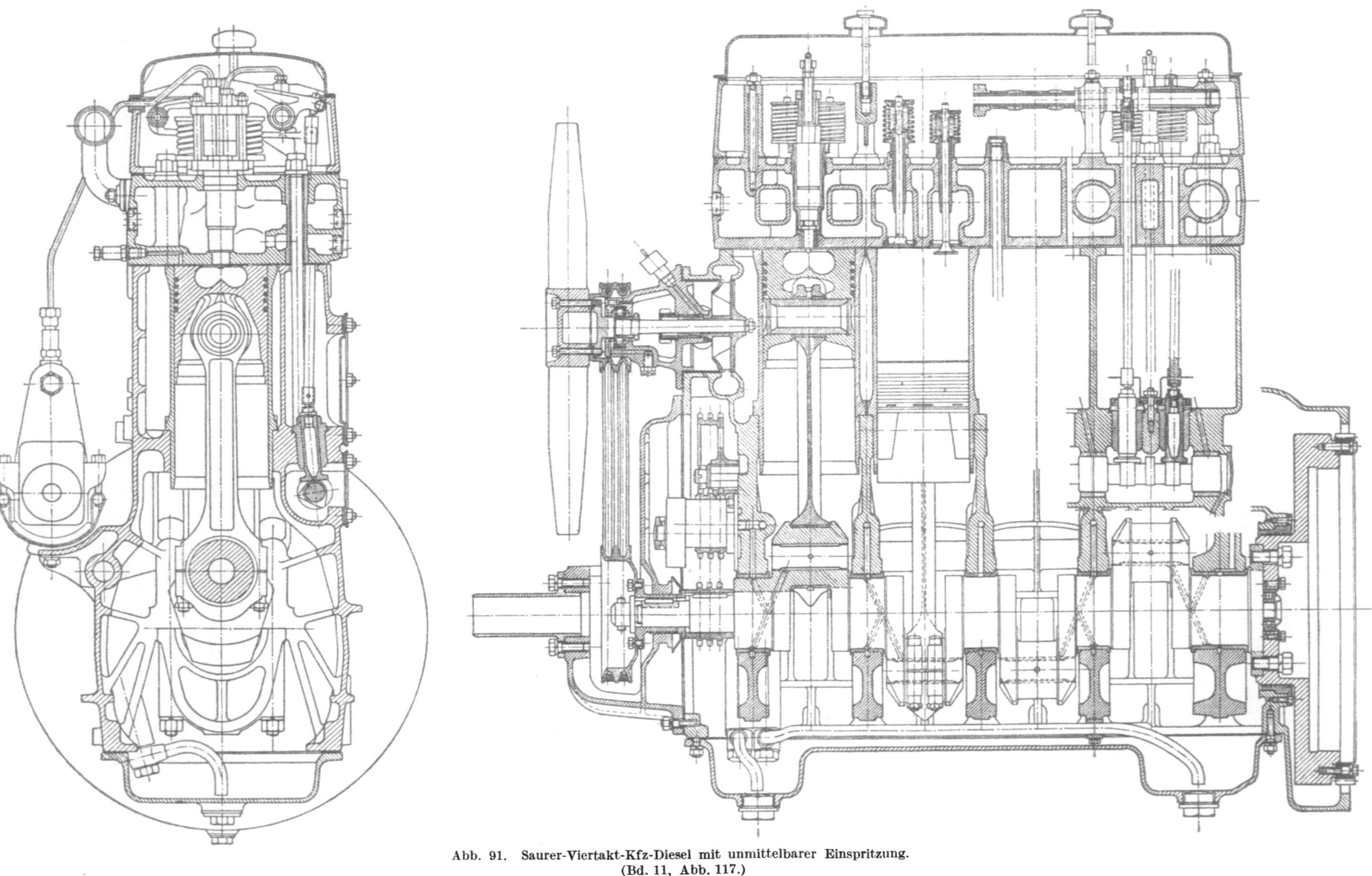

Abb. 91. Saurer-Viertakt-Kfz-Diesel mit unmittelbarer Einspritzung.
(Bd. 11, Abb. 117.)

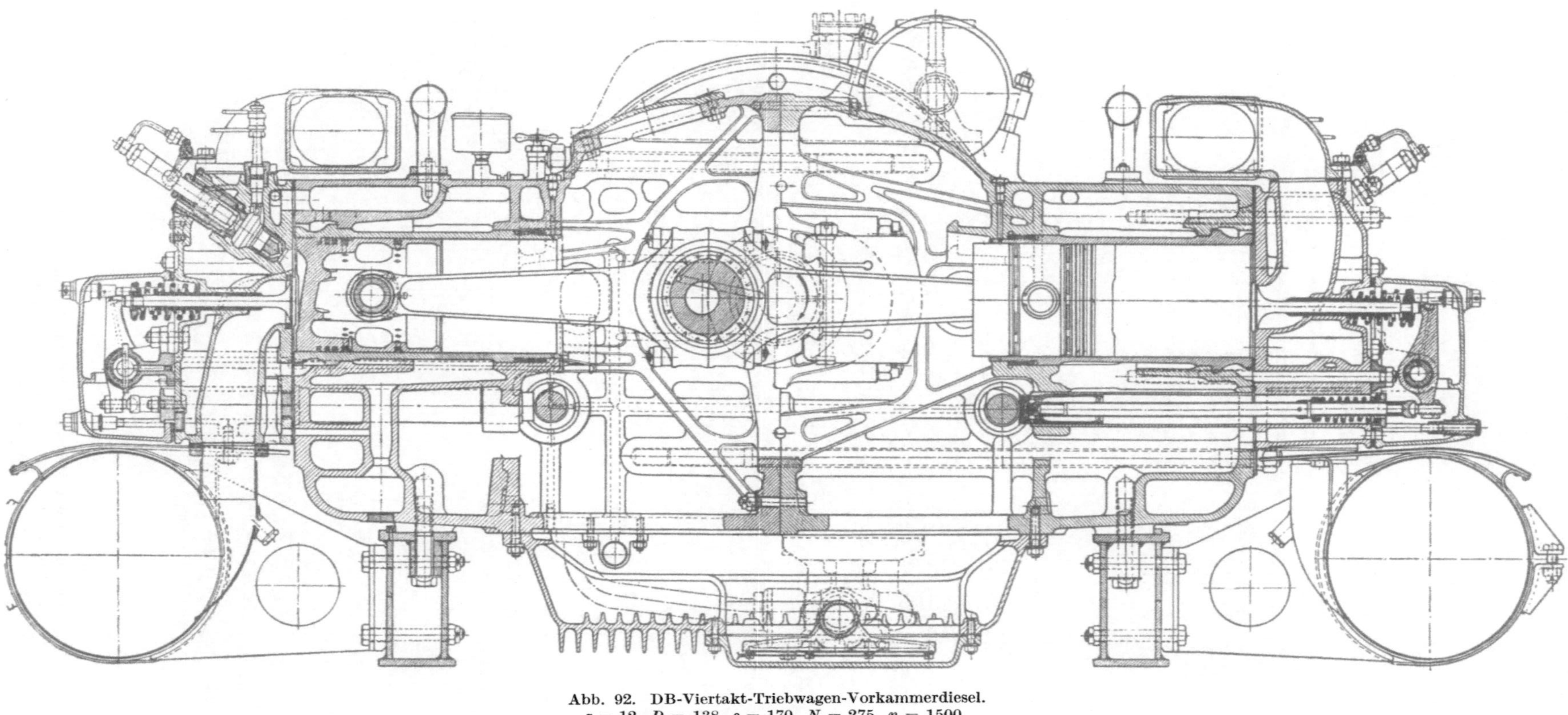

Abb. 92. DB-Viertakt-Triebwagen-Vorkammerdiesel.
$z = 12$, $D = 138$, $s = 170$, $N = 275$, $n = 1500$.
(Bd. 11, Abb. 118.)

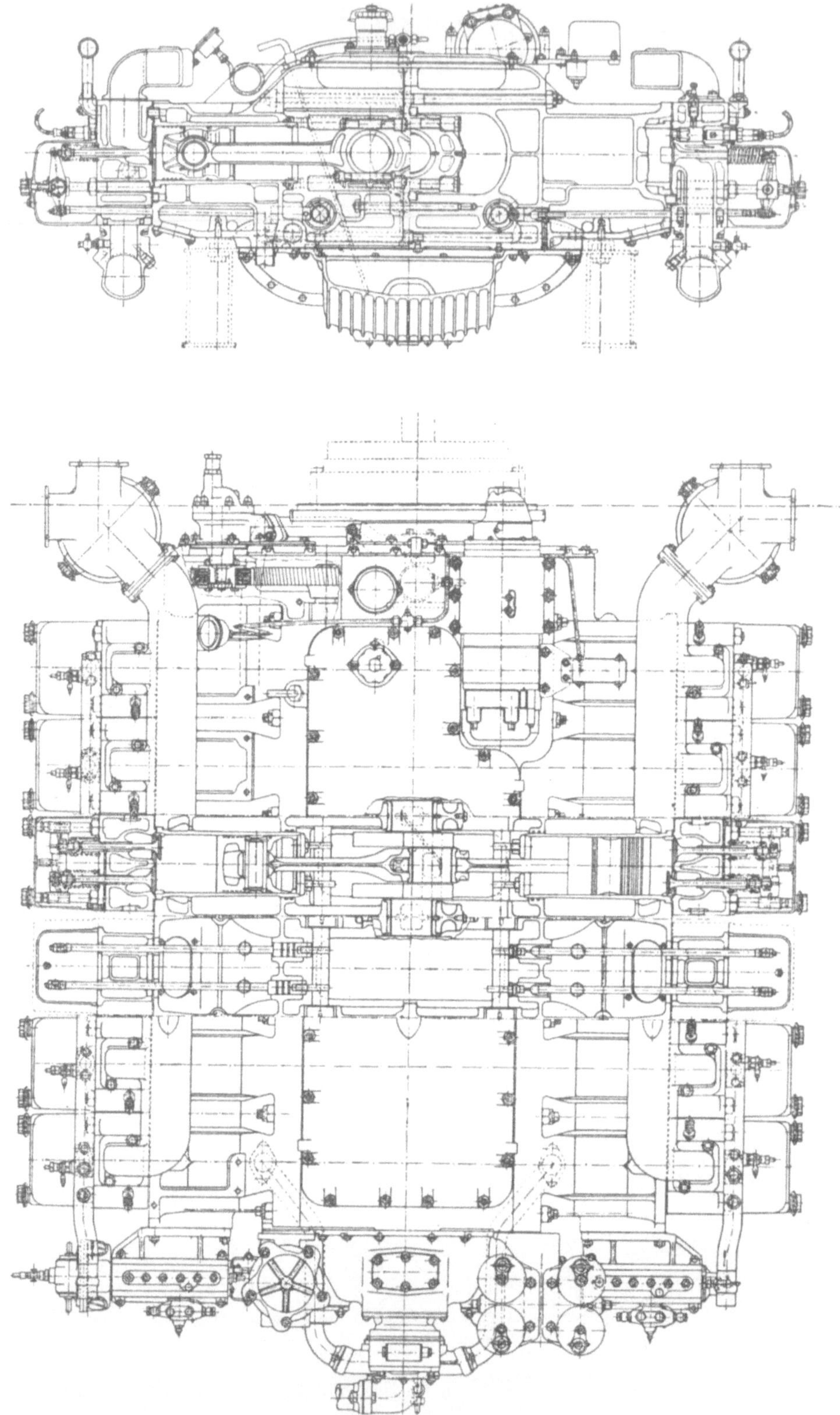

Abb. 93. DWK-Viertakt-Triebwagen-Vorkammerdiesel.
$z = 12$, $D = 130$, $s = 190$, $N = 275$, $n = 1500$.
(Bd. 11, Abb. 119.)

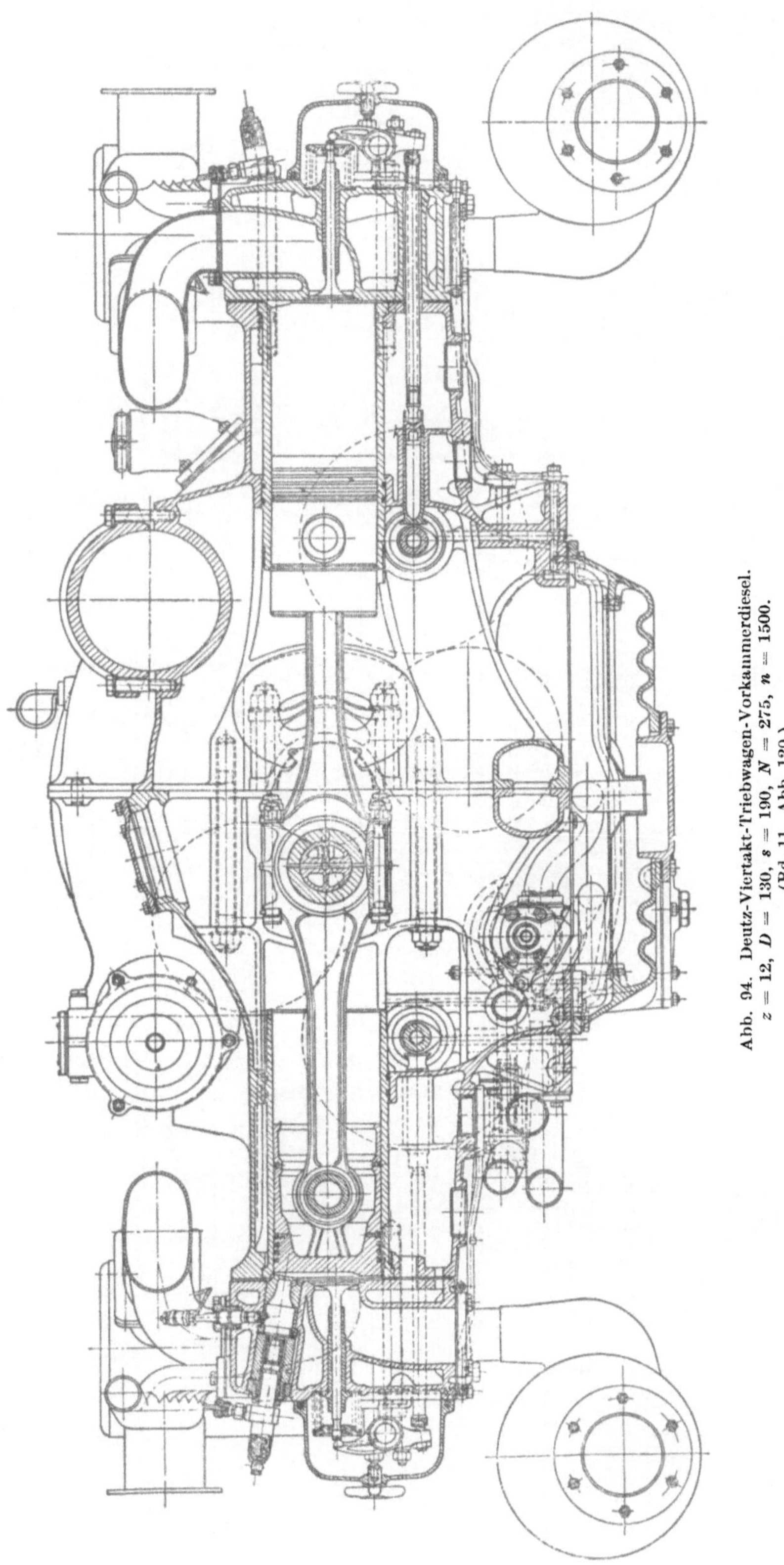

Abb. 94. Deutz-Viertakt-Triebwagen-Vorkammerdiesel.
$z = 12$, $D = 130$, $s = 190$, $N = 275$, $n = 1500$.
(Bd. 11, Abb. 120.)

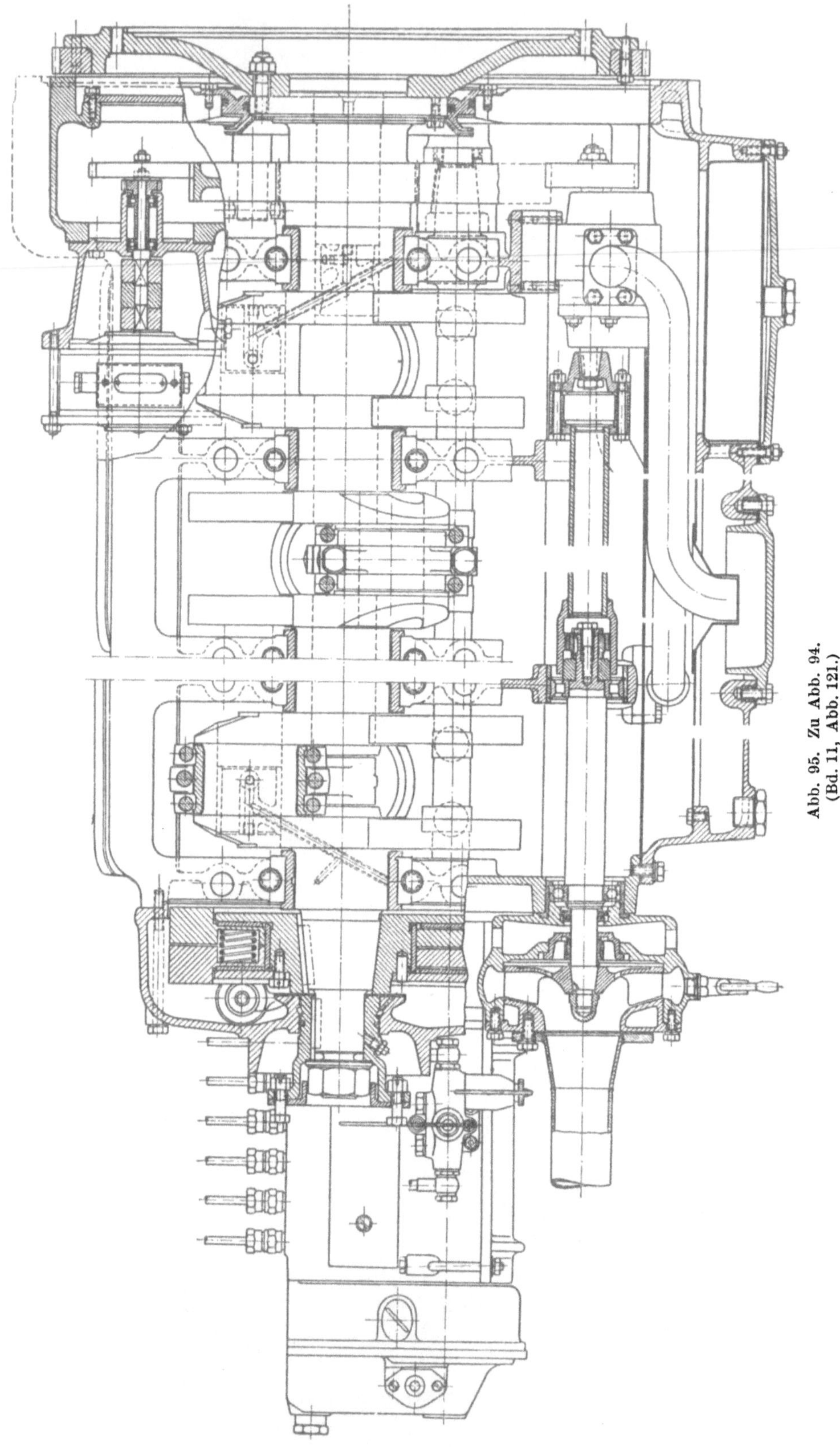

Abb. 95. Zu Abb. 94. (Bd. 11, Abb. 121.)

Abb. 96. Zu Abb. 94.
Motor mit Aufladung.
(Bd. 11, Abb. 123.)

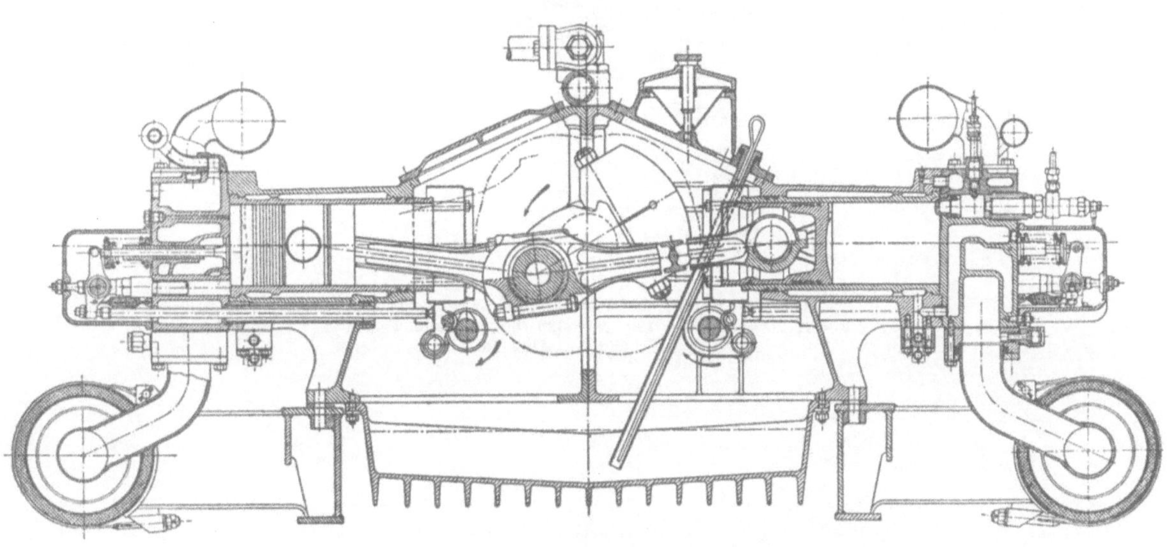

Abb. 97. MAN-Viertakt-Triebwagen-Vorkammerdiesel.
$z = 12$, $D = 130$, $s = 190$, $N = 275$, $n = 1500$.
(Bd. 11, Abb. 124.)

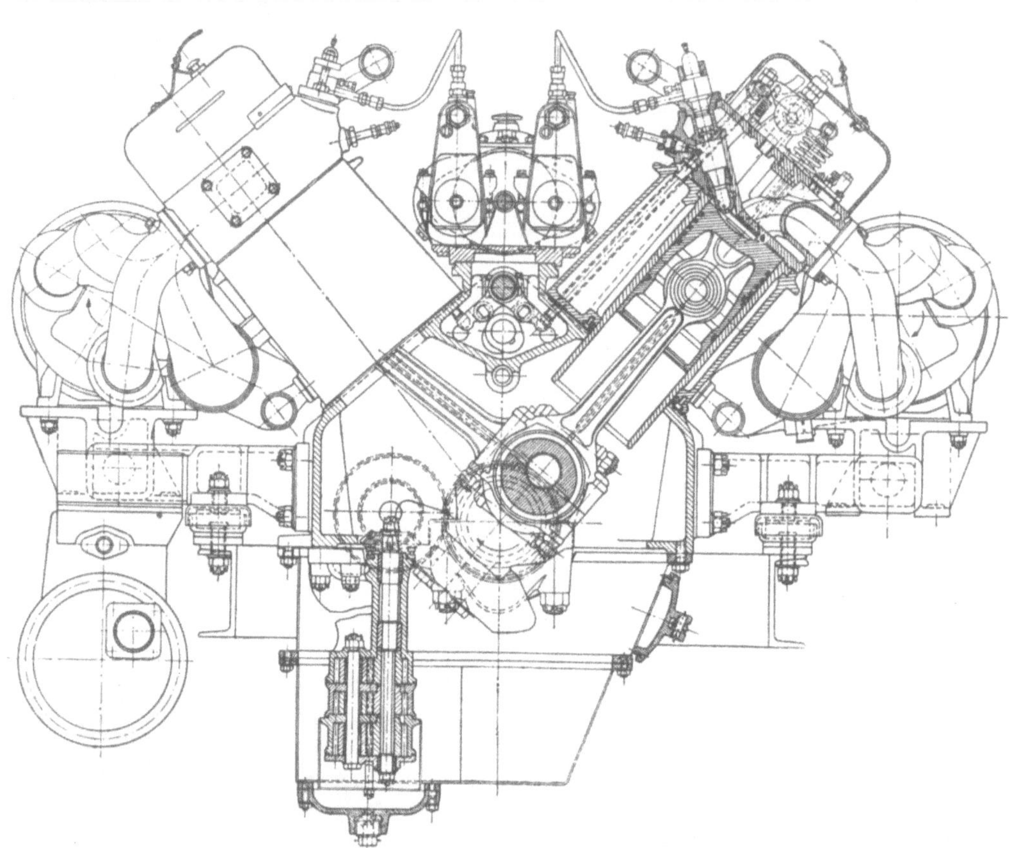

Abb. 98. Simmeringer-Viertakt-Triebwagen-Vorkammerdiesel.
$z = 12$, $D = 150$, $s = 190$, $N = 320$ (mit Aufladung 425), $n = 1300$.
(Bd. 11, Abb. 126.)

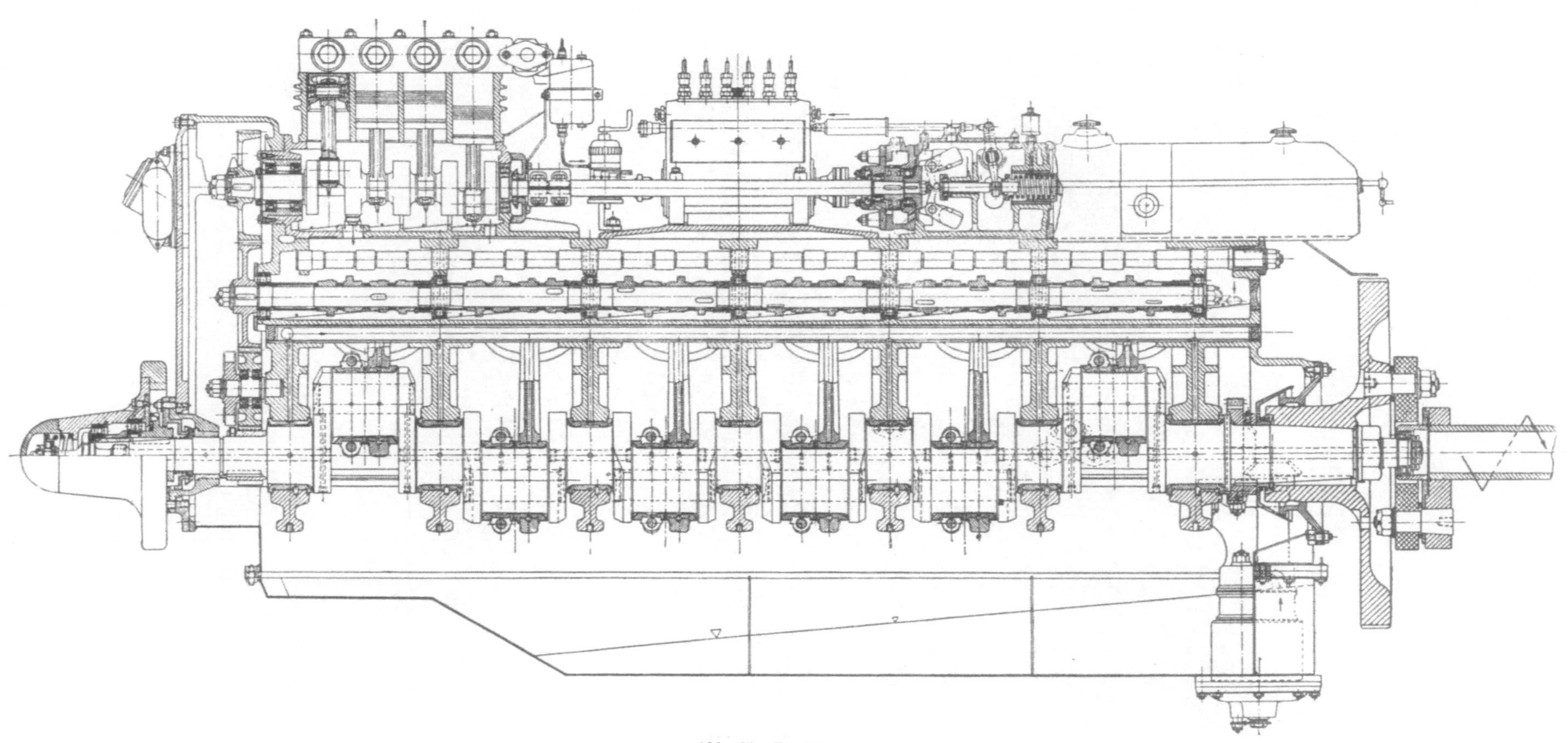

Abb. 99. Zu Abb. 98.
(Bd. 11, Abb. 127.)

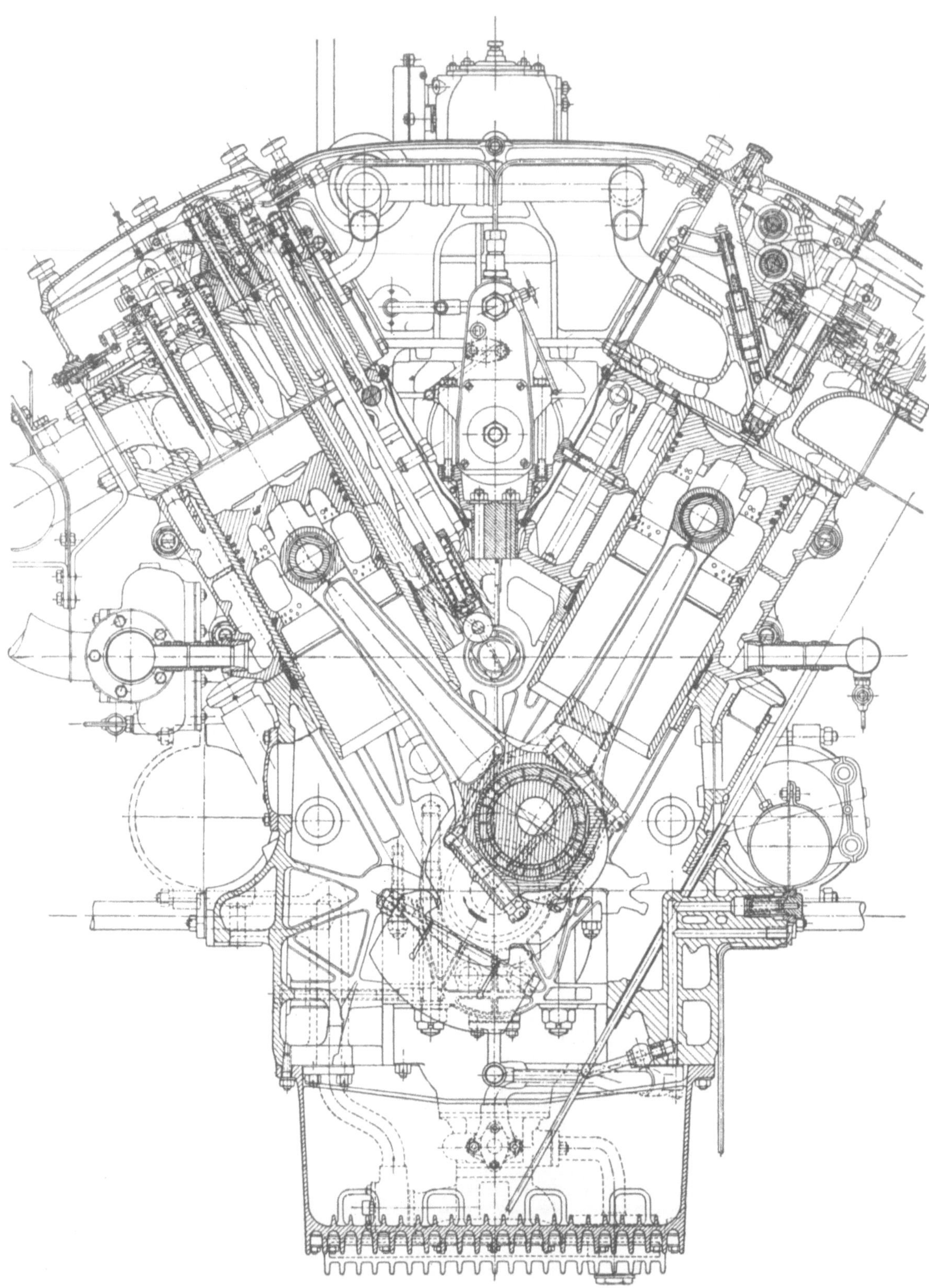

Abb. 100. DB-Viertakt-Triebwagen-Vorkammerdiesel.
$z = 12$, $D = 165$, $s = 195$, $N = 450$ (mit Aufladung 650), $n = 1400$.
(Bd. 11, Abb. 129.)

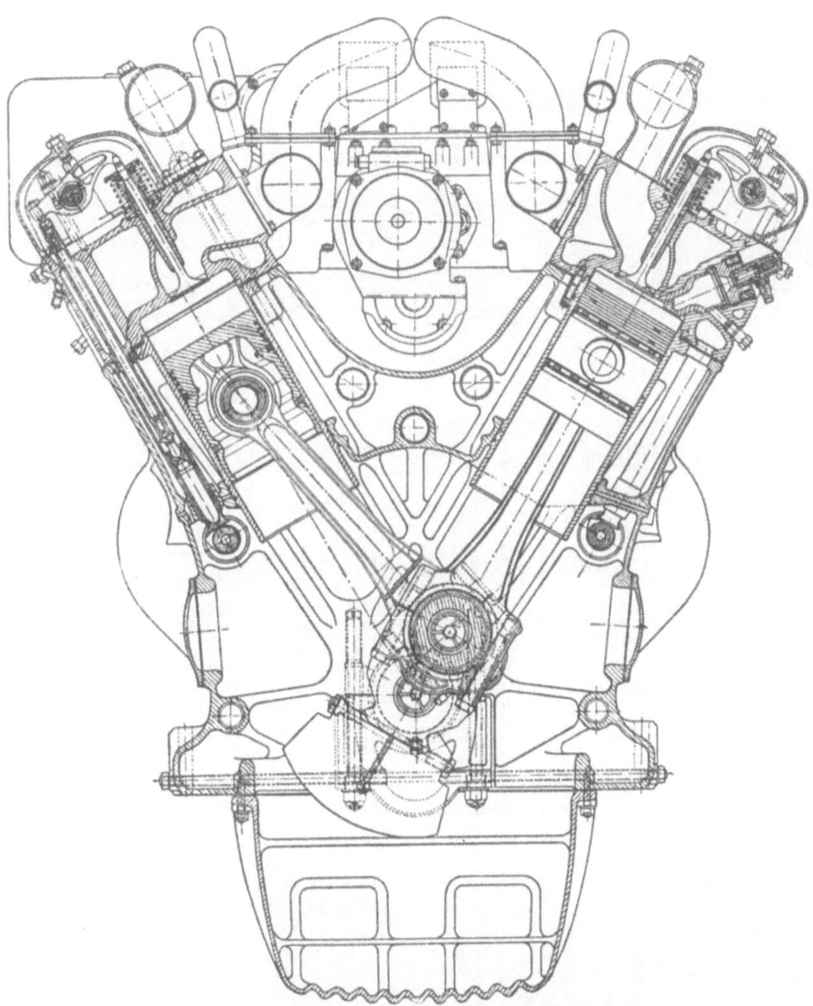

Abb. 101. Deutz-Viertakt-Triebwagen-Vorkammerdiesel.
$z = 12$, $D = 160$, $s = 220$, $N = 450$ (mit Aufladung 650), $n = 1400$.
(Bd. 11, Abb. 130.)

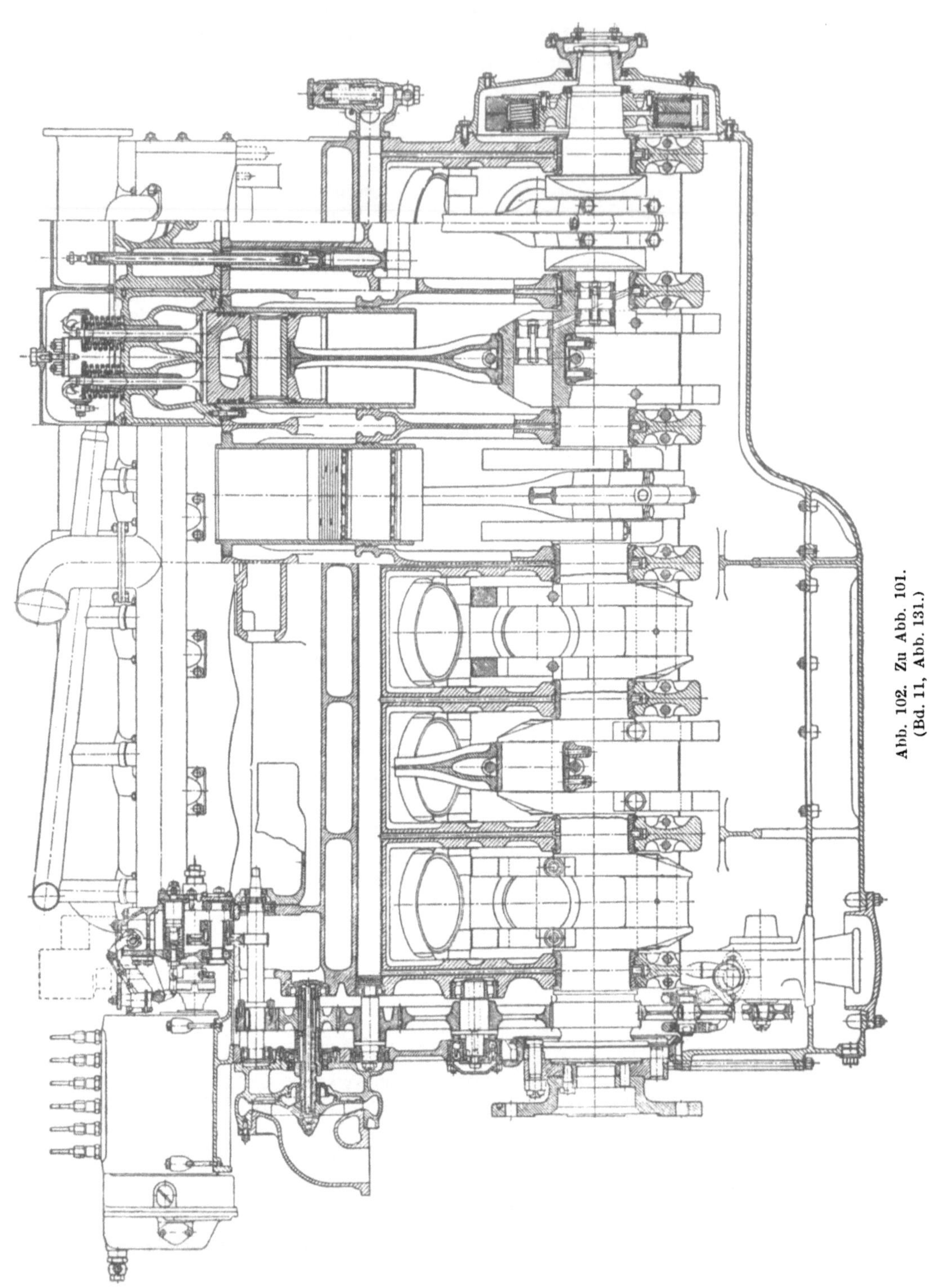

Abb. 102. Zu Abb. 101. (Bd. 11, Abb. 131.)

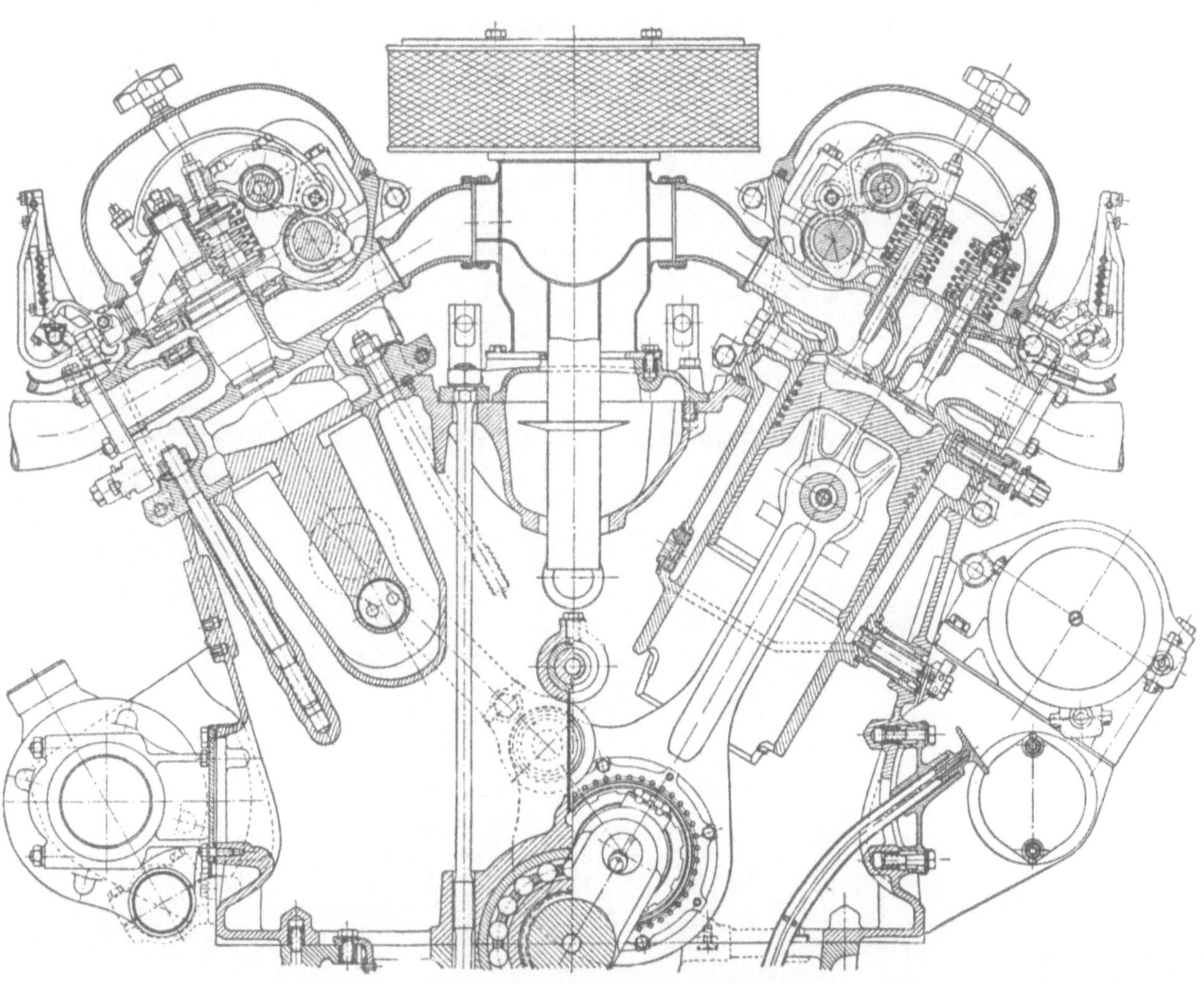

Abb. 103. Maybach-Viertakt-Triebwagen-Vorkammerdiesel.
$z = 12$, $D = 160$, $s = 200$, $N = 450$, $n = 1400$.
(Bd. 11, Abb. 134.)

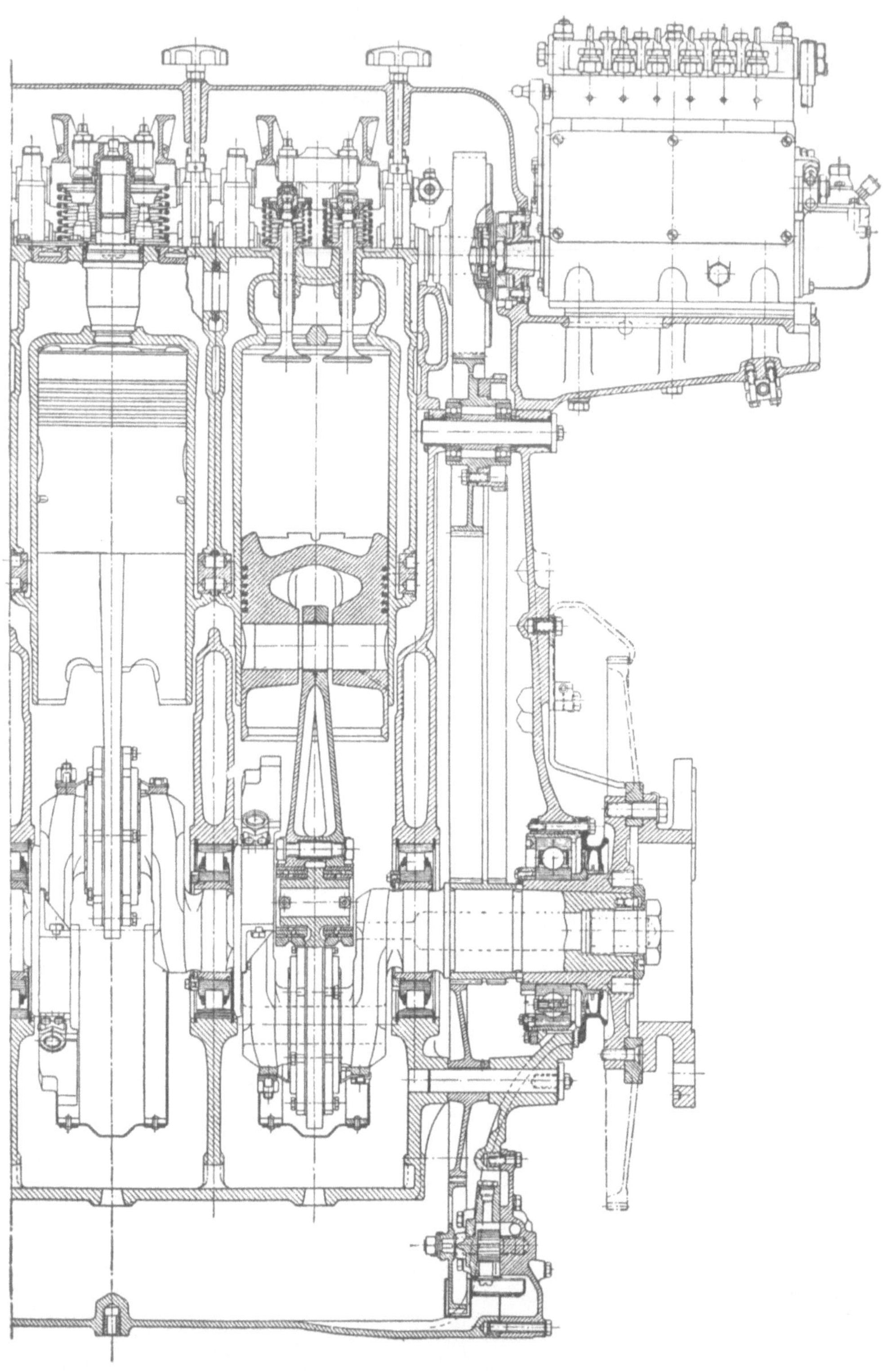

Abb. 104. Zu Abb. 103.
(Bd. 11, Abb. 135.)

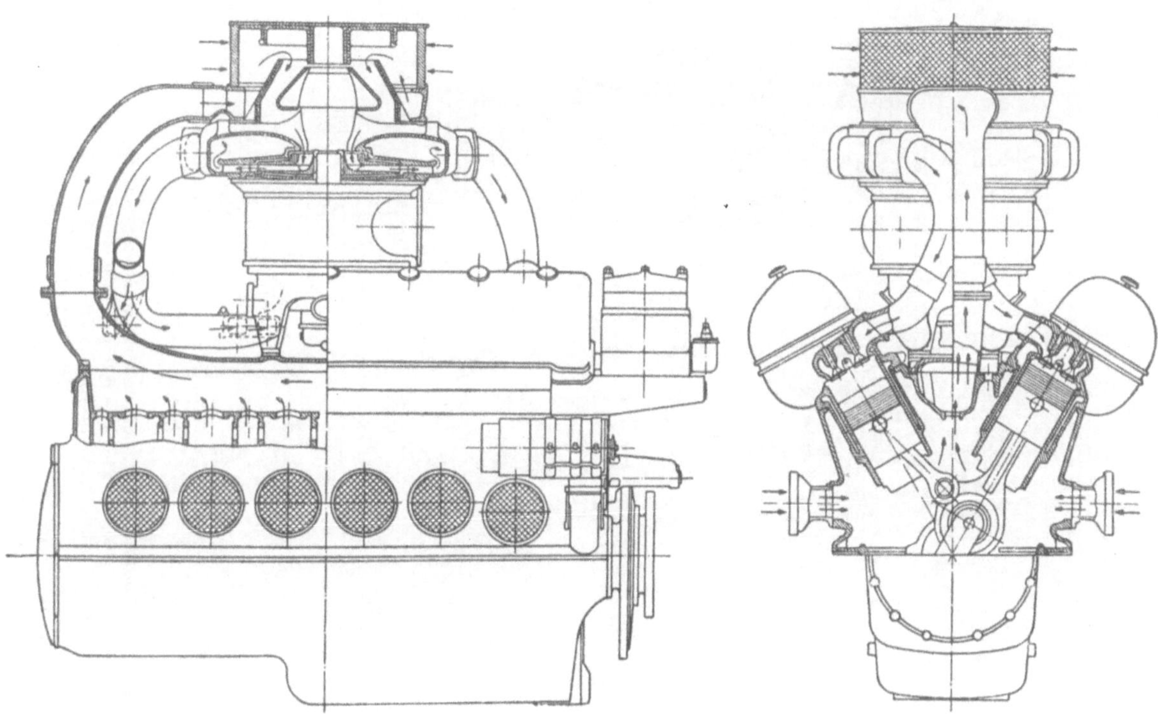

Abb. 105. Aufladegebläse eines Maybach-Triebwagendiesels.
(Bd. 11, Abb. 138.)

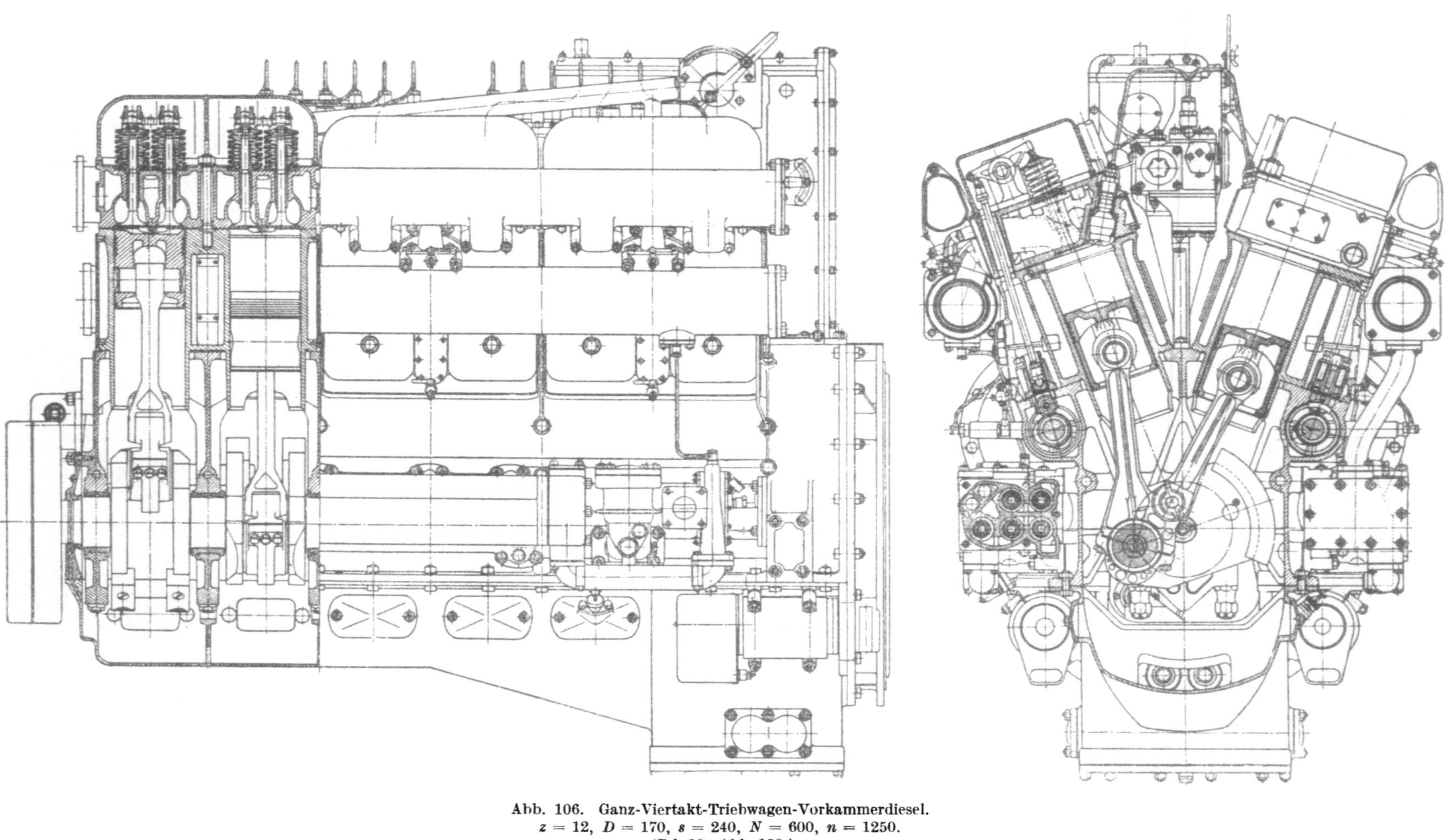

Abb. 106. Ganz-Viertakt-Triebwagen-Vorkammerdiesel.
$z = 12$, $D = 170$, $s = 240$, $N = 600$, $n = 1250$.
(Bd. 12, Abb. 139.)

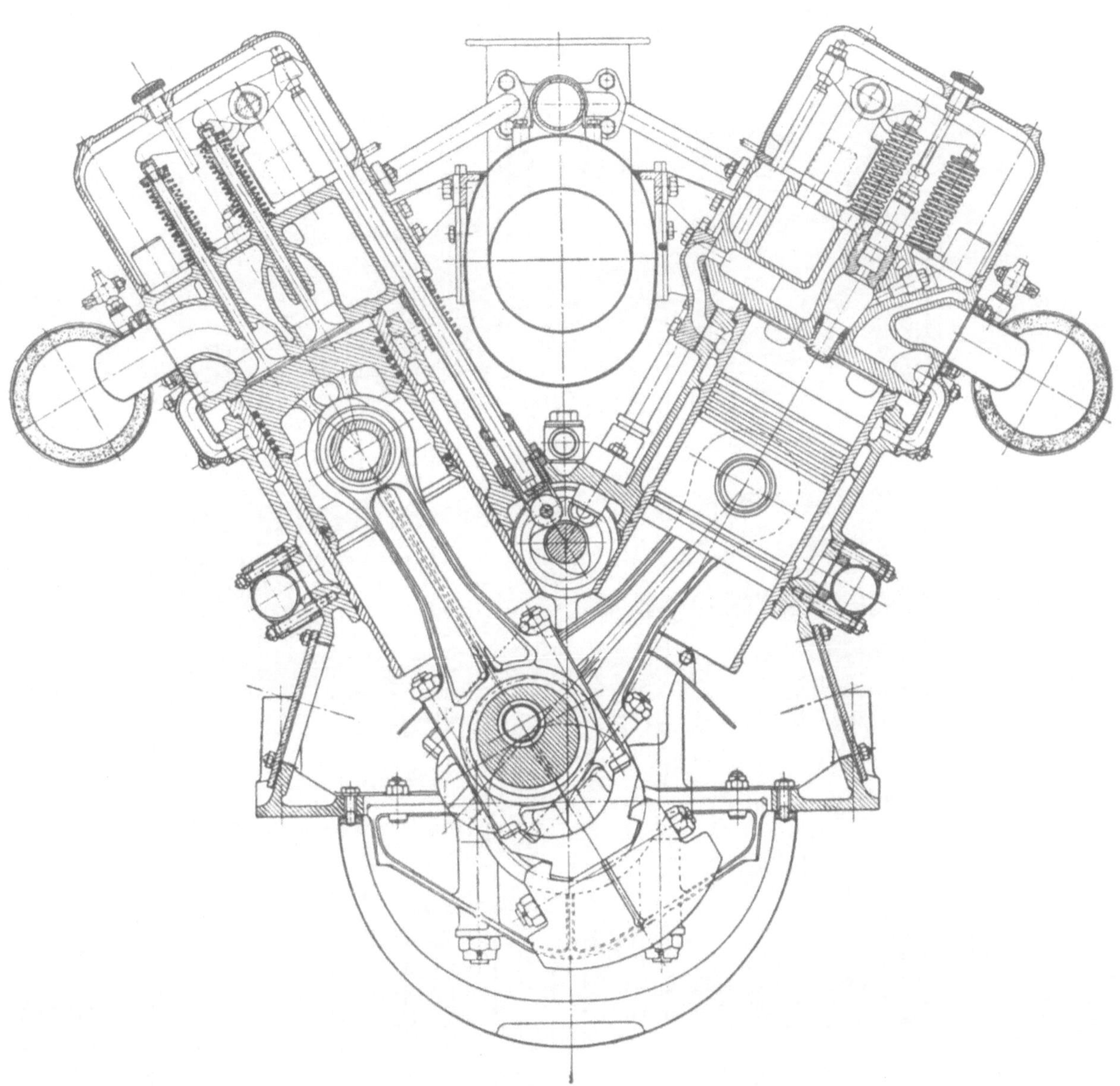

Abb. 107. **MAN-Viertakt-Triebwagen-Vorkammerdiesel.**
$z = 12$, $D = 175$, $s = 210$, $N = 450$, $n = 1400$.
(Bd. 11, Abb. 140.)

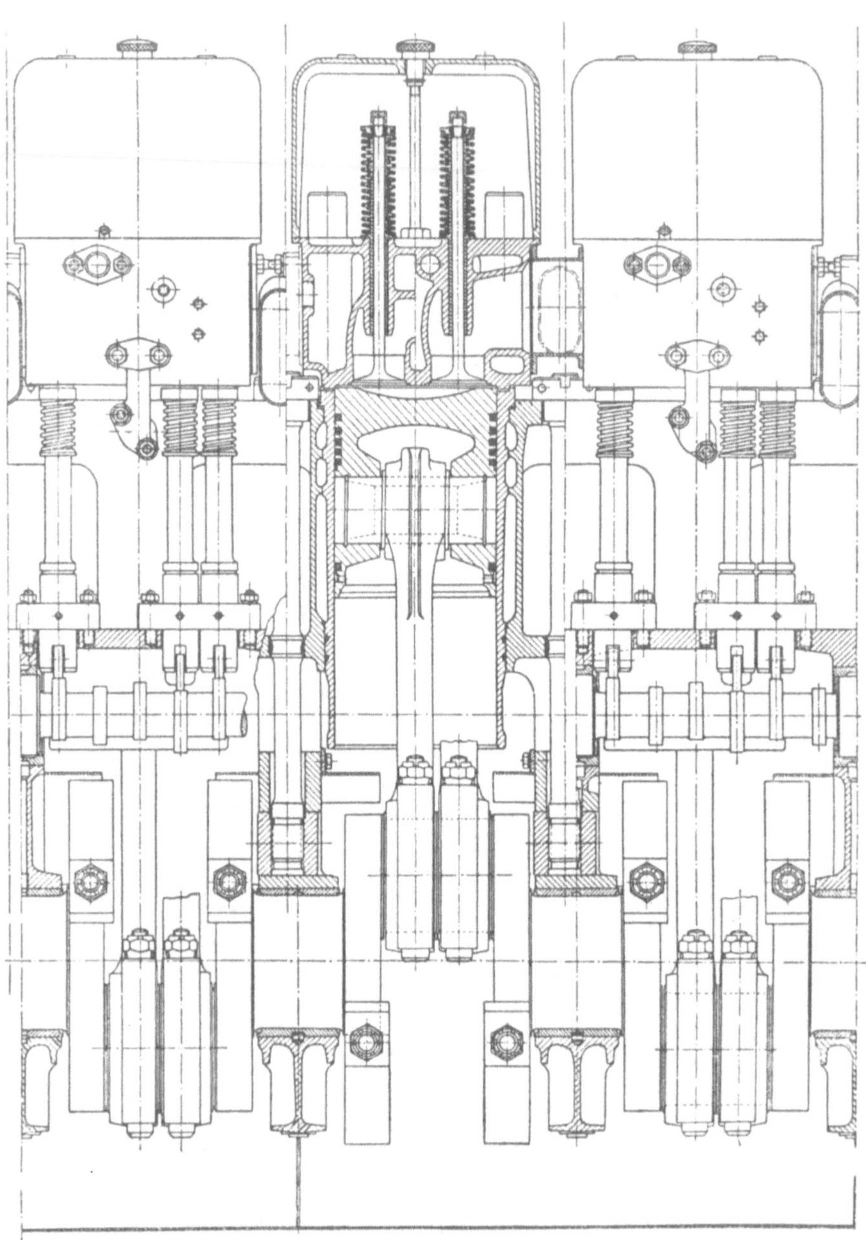

Abb. 108. Zu Abb. 107.
(Bd. 11, Abb. 141.)

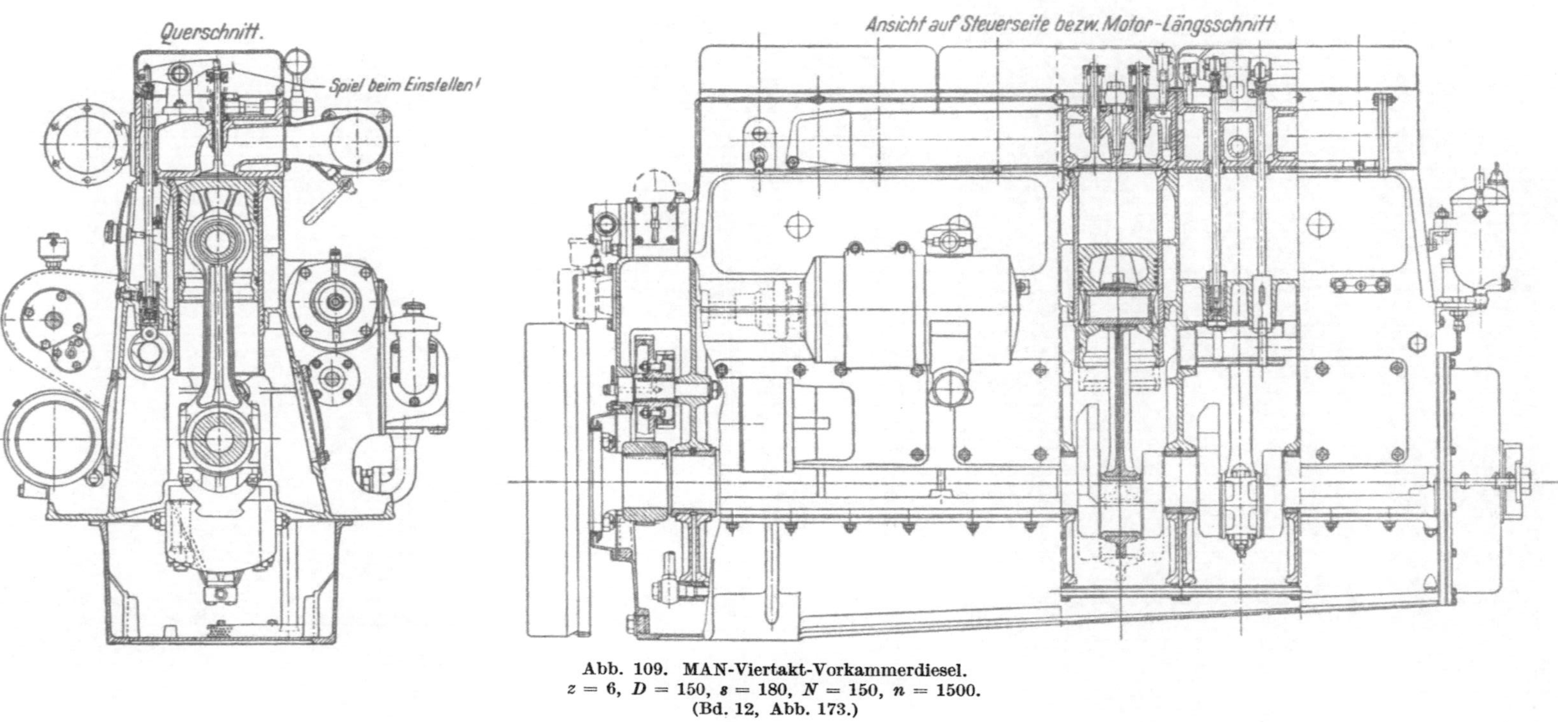

Abb. 109. MAN-Viertakt-Vorkammerdiesel.
$z = 6$, $D = 150$, $s = 180$, $N = 150$, $n = 1500$.
(Bd. 12, Abb. 173.)

Abb. 110. Zu Abb. 109.
(Bd. 12, Abb. 175.)

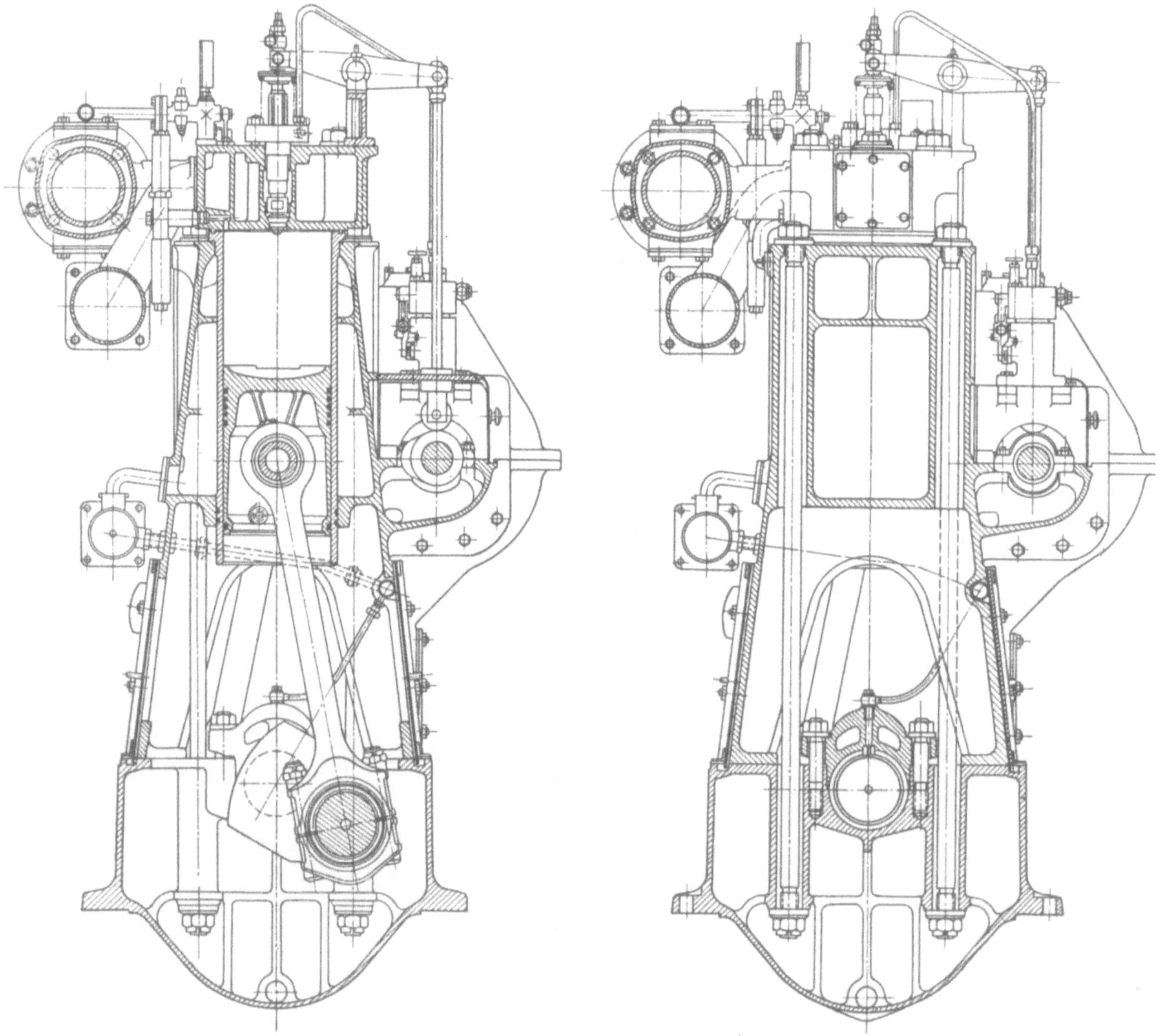

Abb. 111. MAN-Viertaktdiesel mit unmittelbarer Einspritzung.
$z = 6$, $D = 220$, $s = 350$, $N = 270$, $n = 600$.
(Bd. 12, Abb. 176.)

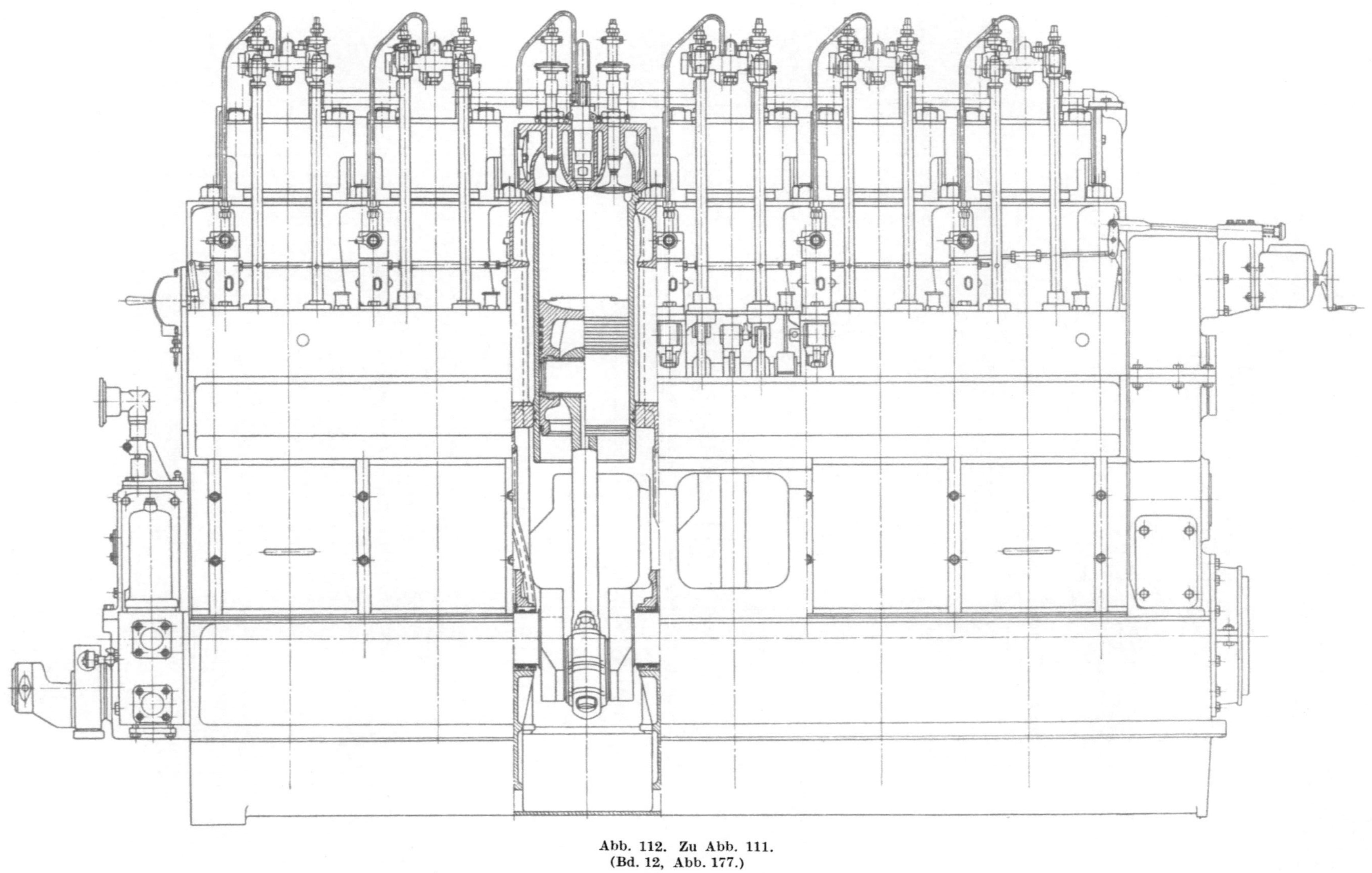

Abb. 112. Zu Abb. 111.
(Bd. 12, Abb. 177.)

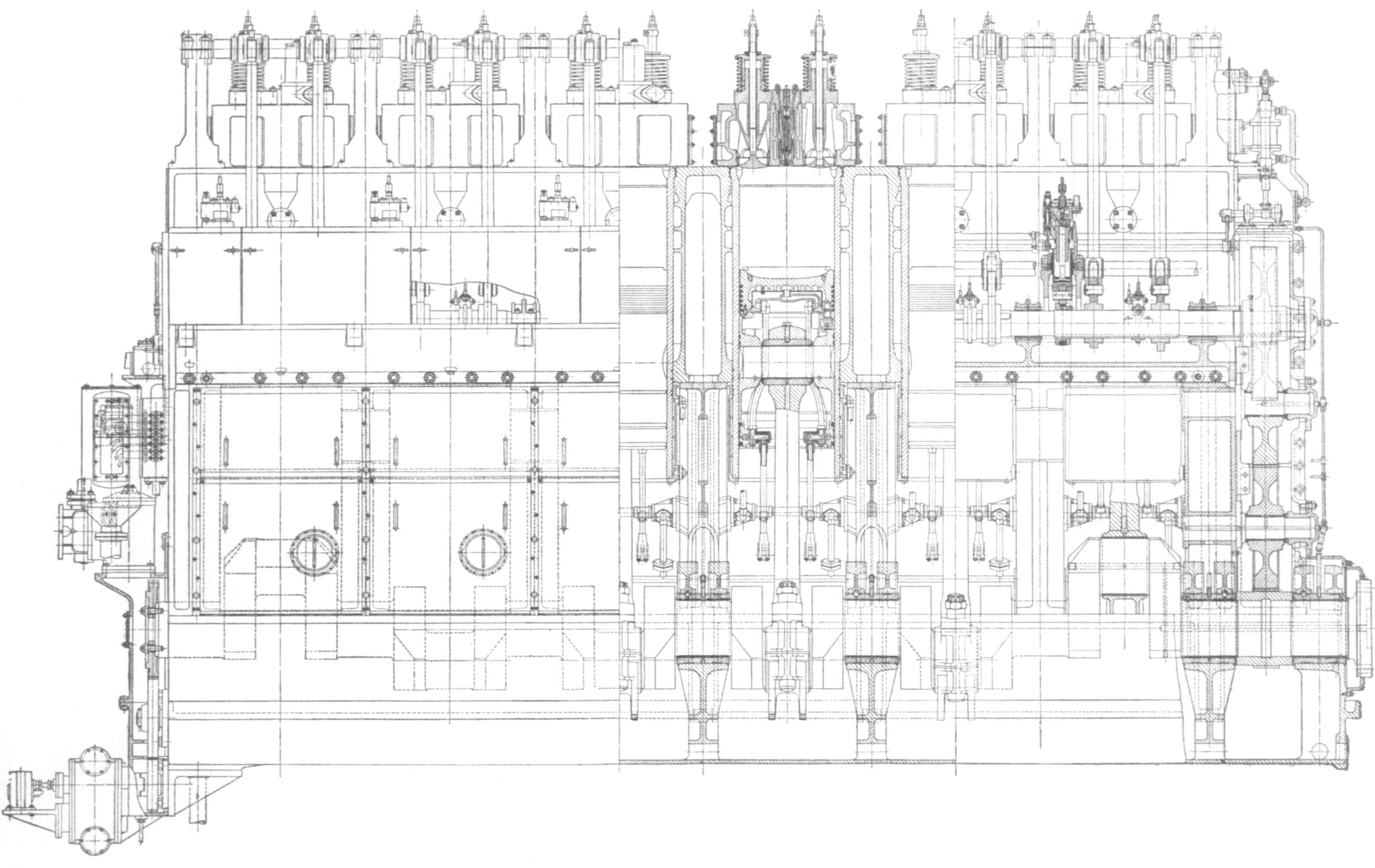

Abb. 113. MAN-Viertaktdiesel mit unmittelbarer Einspritzung.
$z = 6$, $D = 520$, $s = 740$, $N = 1500$, $n = 250$.
(Bd. 12, Abb. 178.)

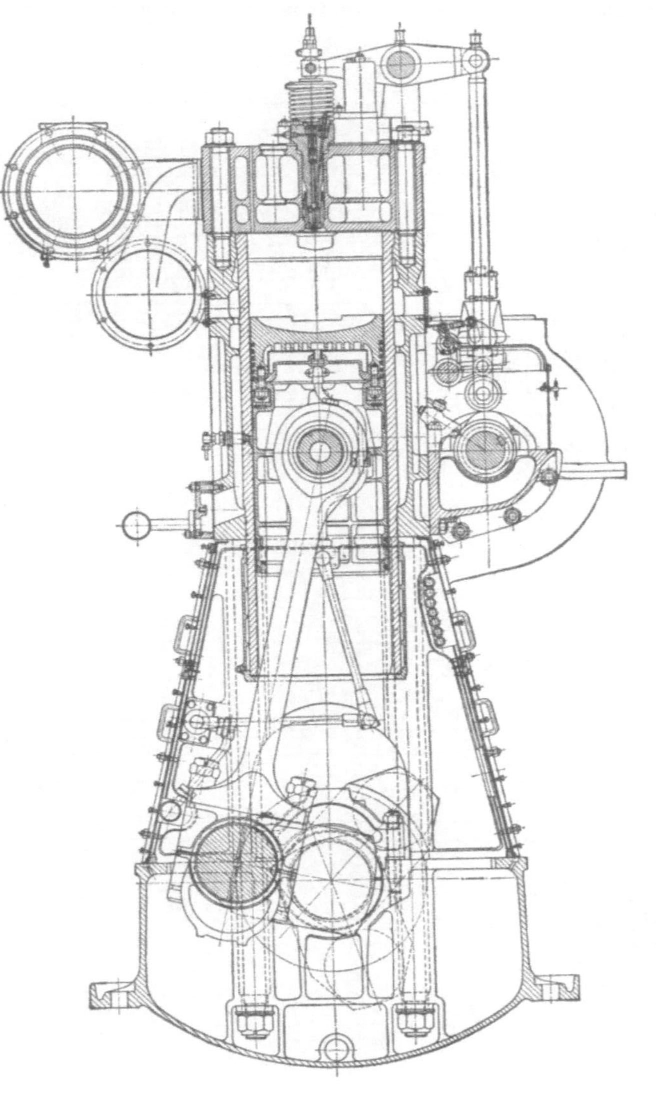

Abb. 114. Zu Abb. 113.
(Bd. 12, Abb. 178 a.)

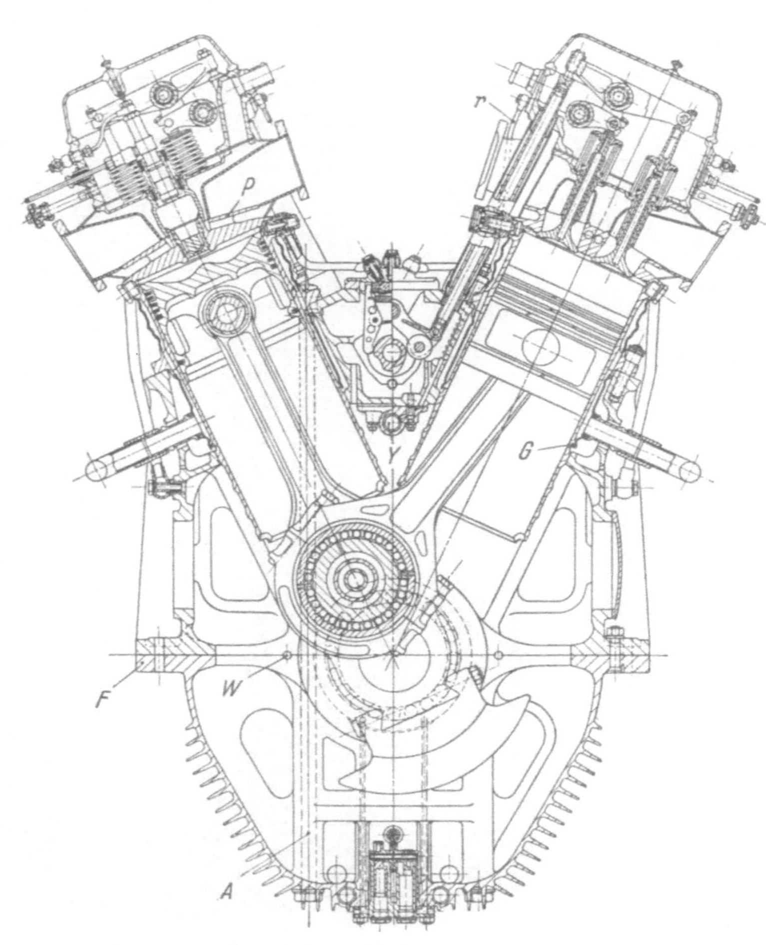

Abb. 115. Umsteuerbarer DB-Viertakt-Boots-Vorkammerdiesel.
$z = 12$, $D = 175$, $s = 230$, $N = 1000$, $n = 1650$.
G Gummidichtungsring des Kühlmantels, F Auflageflansch, W Paßwalzen, A Anker-
schraube, r Ölrohr zu den oberen Kipphebellagern, Y Ölrohr, P Zylinderkopf.
(Bd. 12, Abb. 185.)

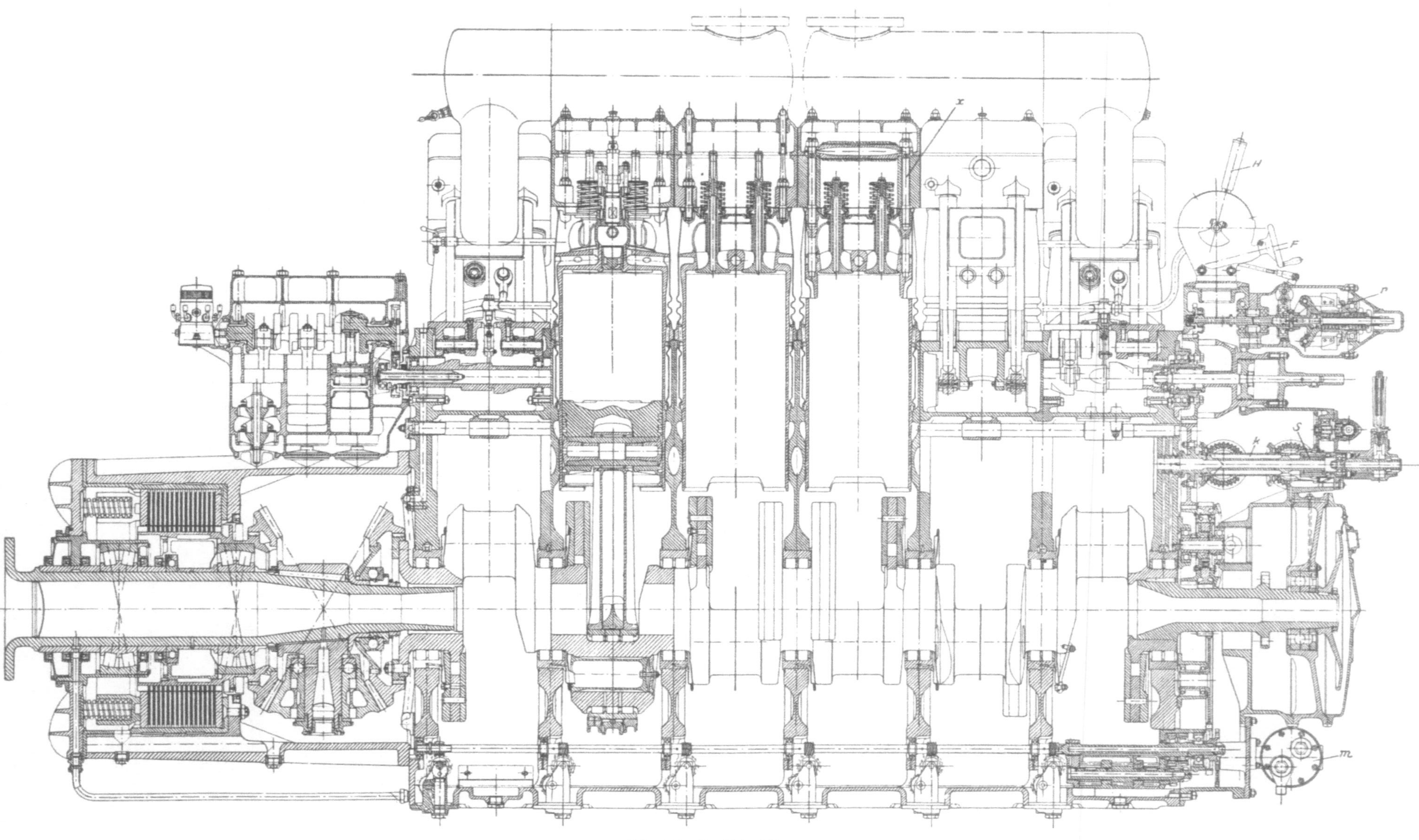

Abb. 116. Zu Abb. 115.

s Steilgewinde der Einspritzpumpen-Kegelradwelle, *m* Kraftstoffzubringer-Membranpumpe, *p* Pendelregler, *F* Handrad zur Regler-Feinverstellung. (Bd. 12, Abb. 186.)

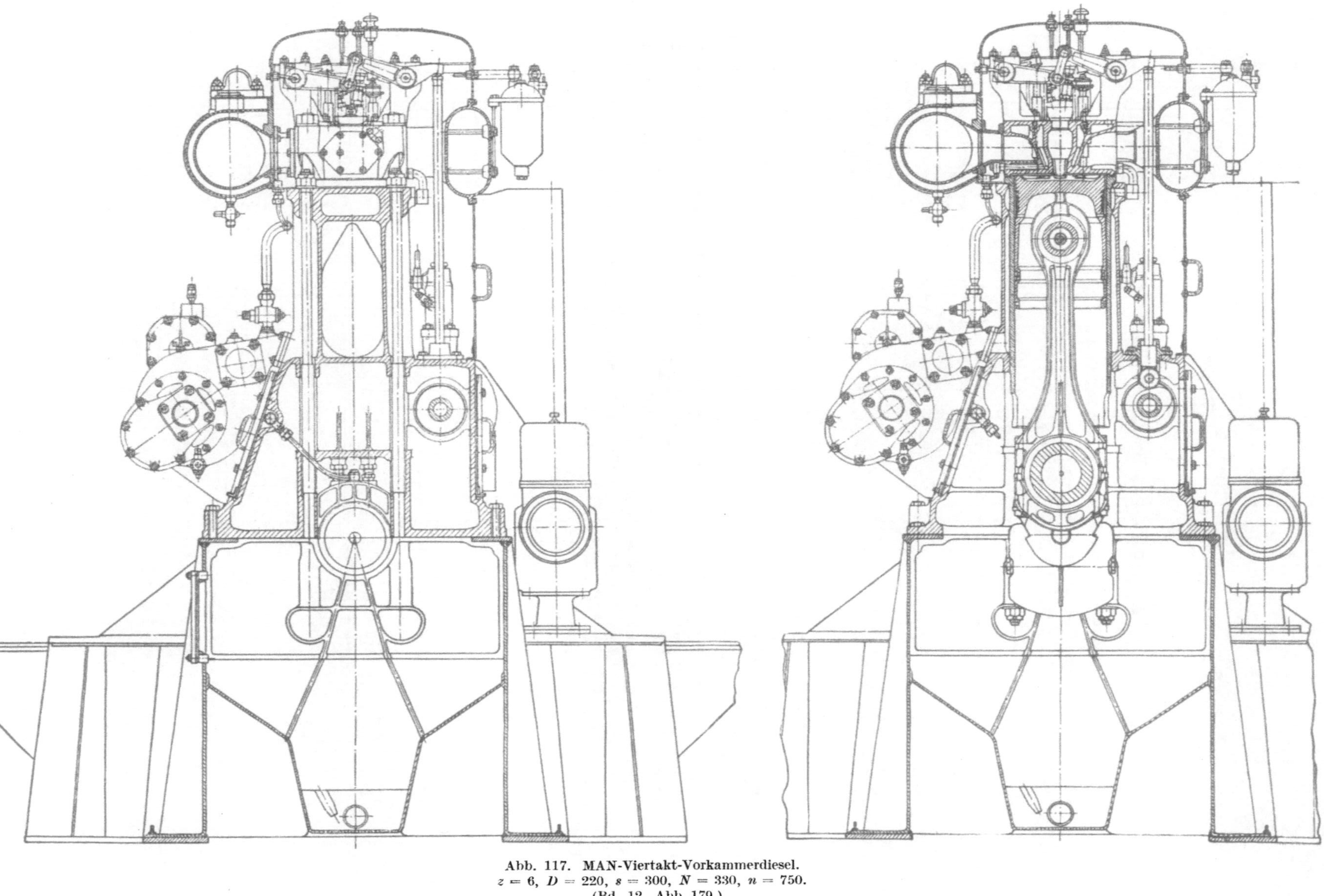

Abb. 117. MAN-Viertakt-Vorkammerdiesel.
$z = 6$, $D = 220$, $s = 300$, $N = 330$, $n = 750$.
(Bd. 12, Abb. 179.)

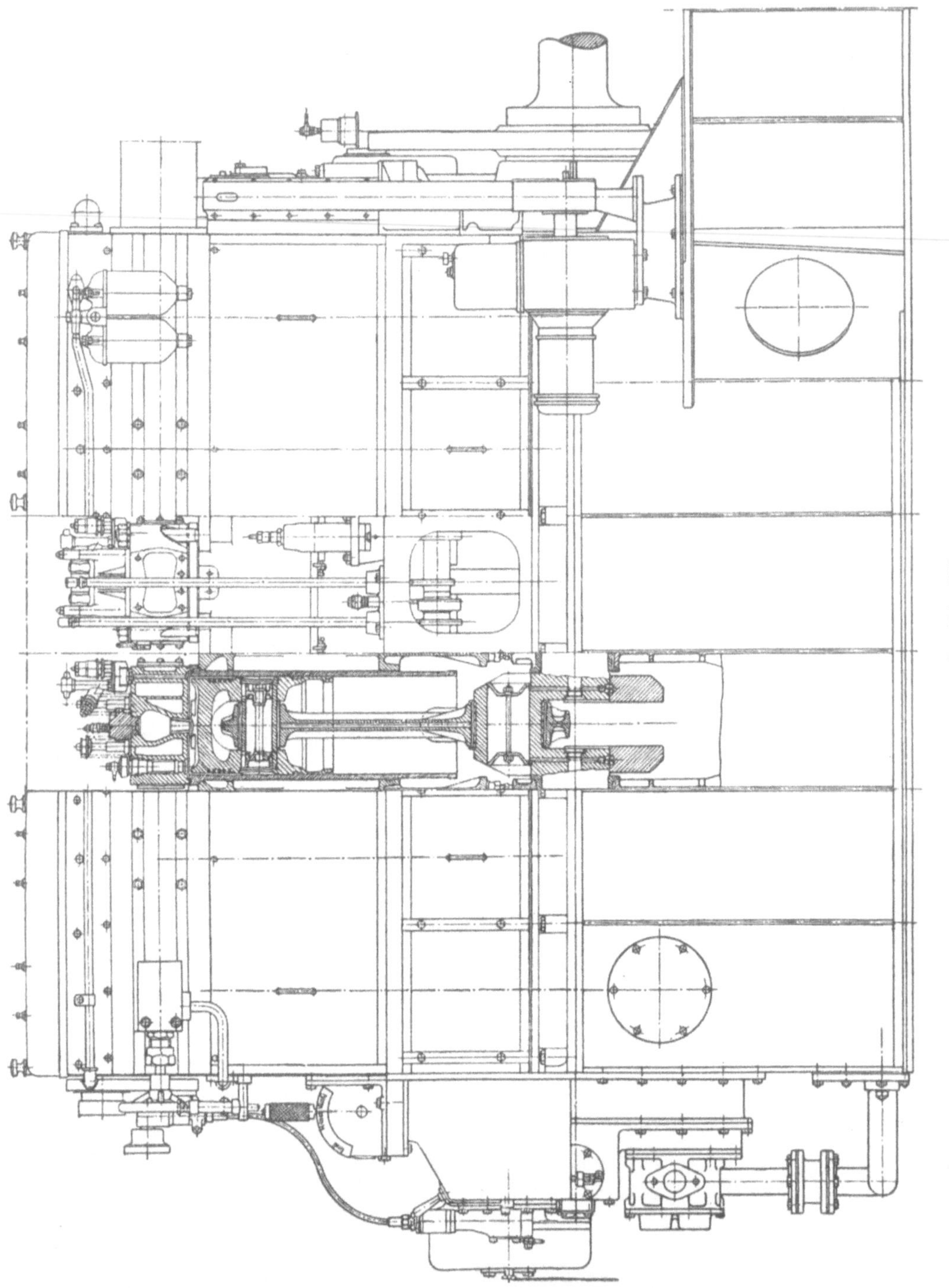

Abb. 118. Zu Abb. 117.
(Bd. 12, Abb. 180.)

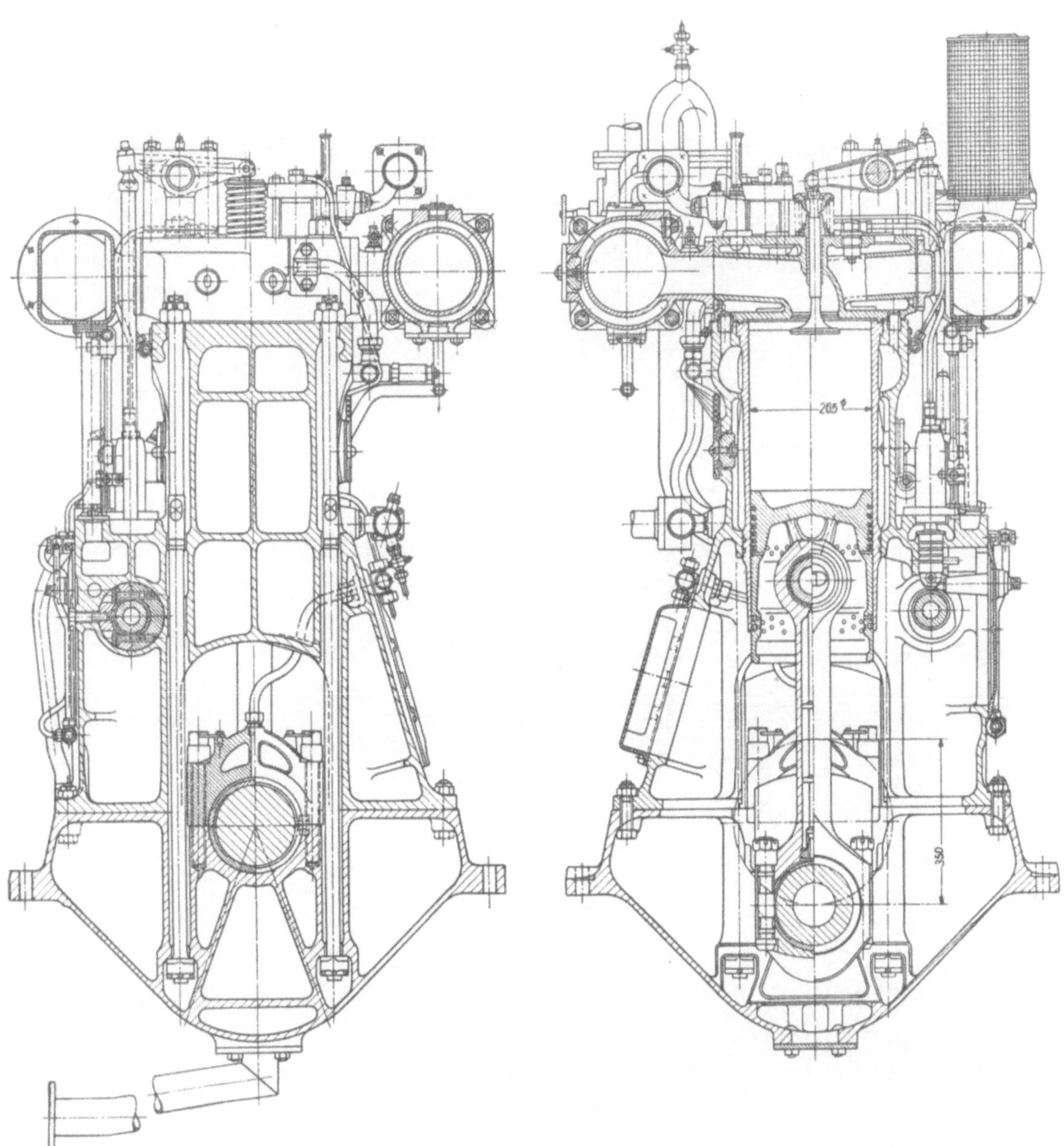

Abb. 119. DWK-Viertaktdiesel mit unmittelbarer Einspritzung.
$z = 6$, $D = 265$, $s = 350$, $N = 510$, $n = 730$.
(Bd. 12, Abb. 194.)

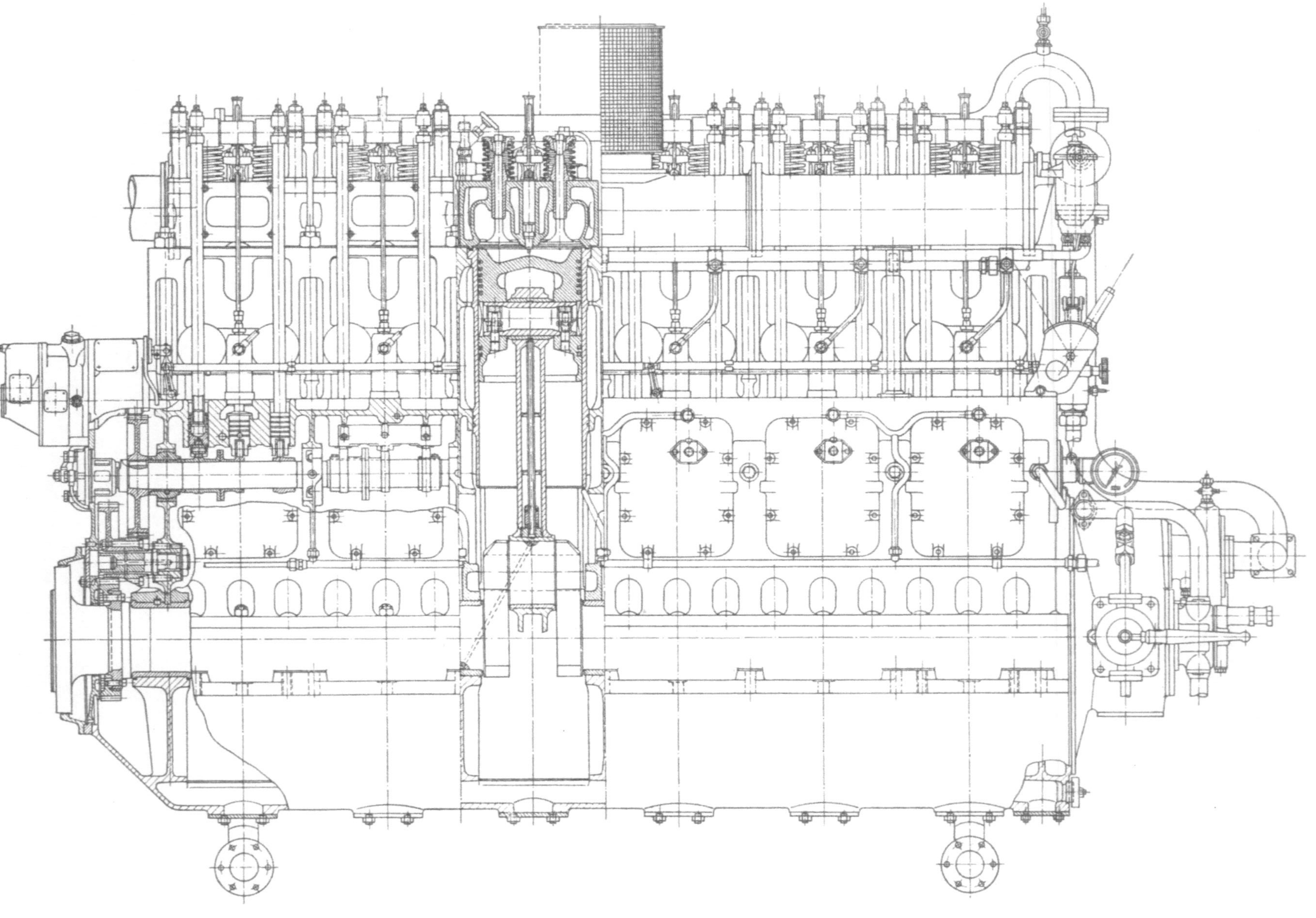

Abb. 120. Zu Abb. 119.
(Bd. 12, Abb. 195.)

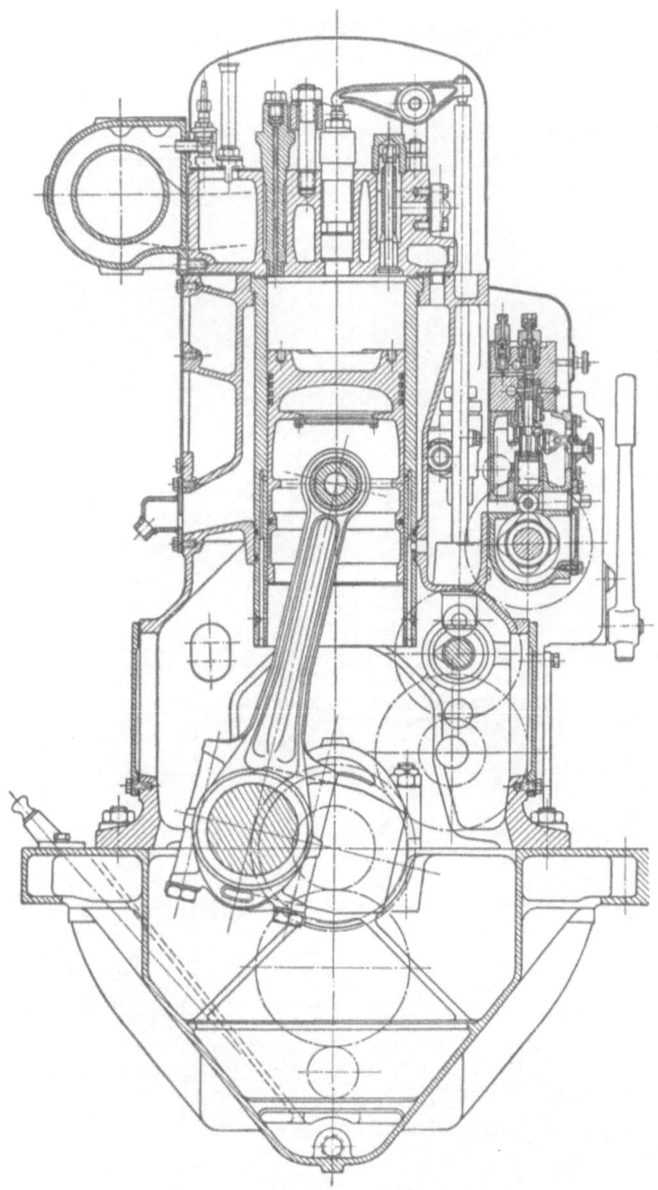

Abb. 121. Deutz-Viertaktdiesel mit unmittelbarer Einspritzung.
$z = 6$, $D = 220$, $s = 280$, $N = 230$.
(Bd. 12, Abb. 196.)

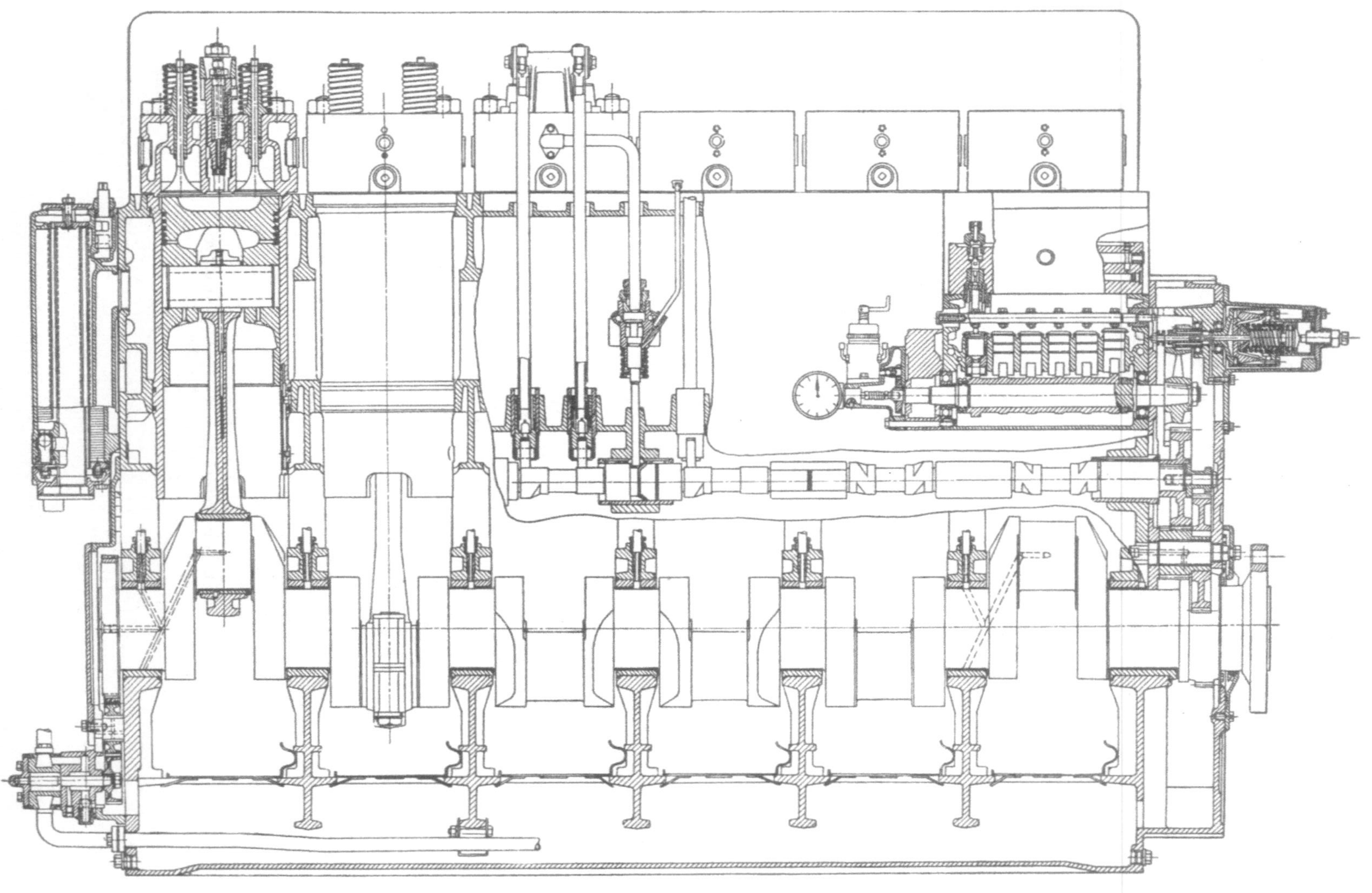

Abb. 122. Zu Abb. 121.
(Bd. 12, Abb. 197.)

Abb. 123. Umsteuerbarer DB-Viertakt-Boots-Vorkammerdiesel.
$z = 16$, $D = 175$, $s = 230$, $N = 1330$, $n = 1650$.
(Bd. 12, Abb. 187.)

Abb. 124. Deutz-Viertakt-Bootsdiesel mit unmittelbarer Einspritzung.
$z = 4$, $D = 220$, $s = 280$, $N = 154$.
(Bd. 12, Abb. 198.)

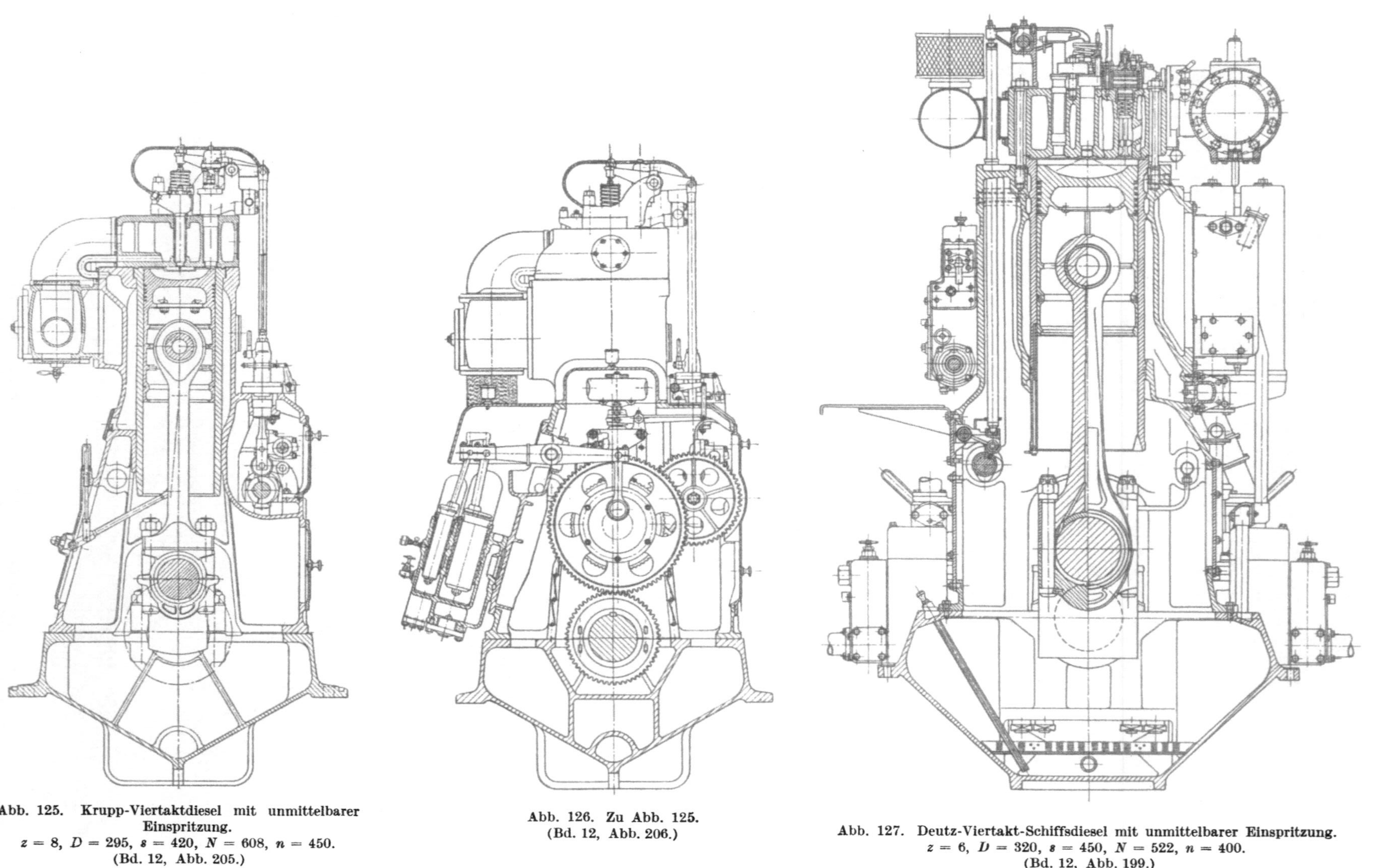

Abb. 125. Krupp-Viertaktdiesel mit unmittelbarer Einspritzung.
$z = 8$, $D = 295$, $s = 420$, $N = 608$, $n = 450$.
(Bd. 12, Abb. 205.)

Abb. 126. Zu Abb. 125.
(Bd. 12, Abb. 206.)

Abb. 127. Deutz-Viertakt-Schiffsdiesel mit unmittelbarer Einspritzung.
$z = 6$, $D = 320$, $s = 450$, $N = 522$, $n = 400$.
(Bd. 12, Abb. 199.)

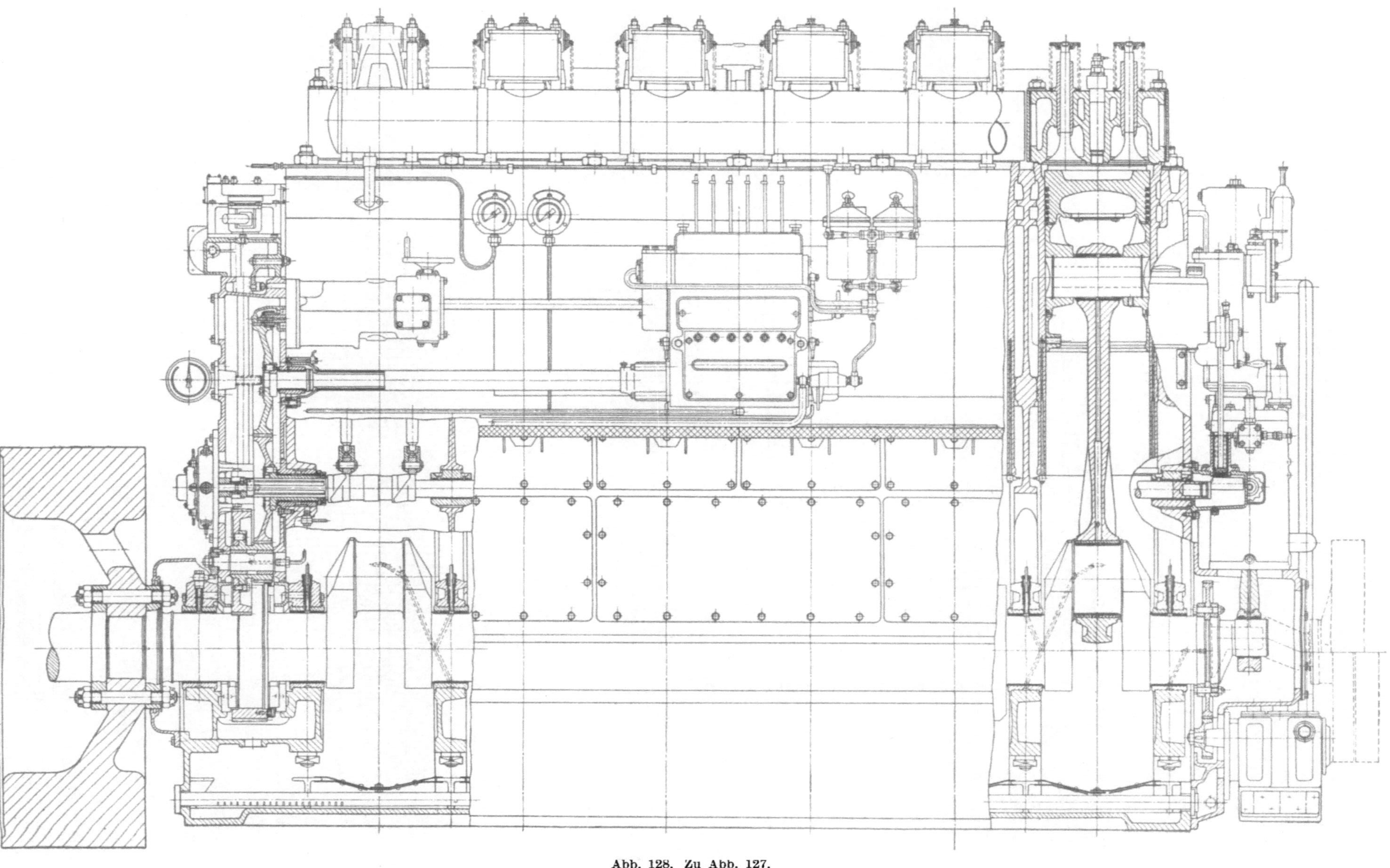

Abb. 128. Zu Abb. 127. (Bd. 12, Abb. 200.)

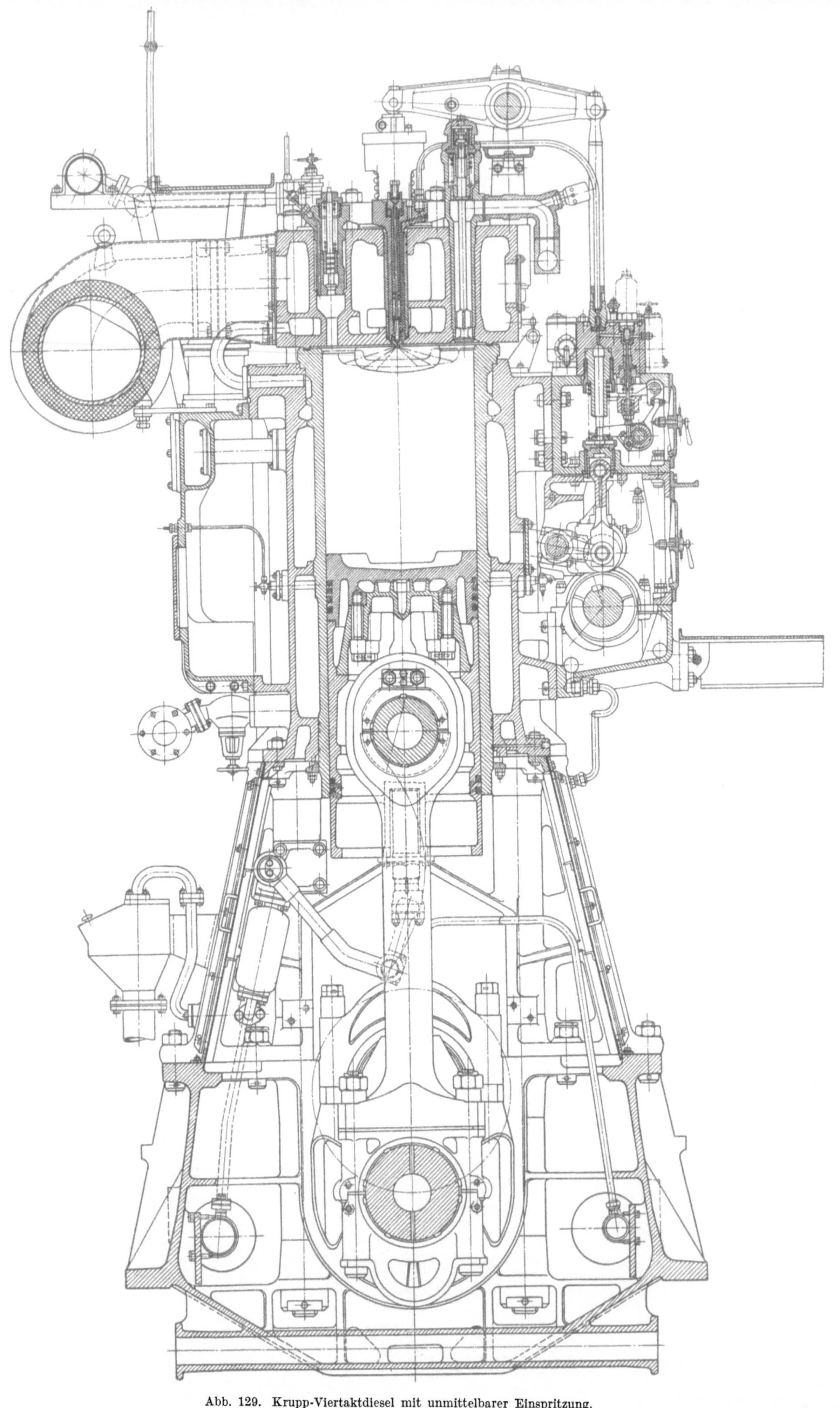

Abb. 129. Krupp-Viertaktdiesel mit unmittelbarer Einspritzung.
$z = 6$, $D = 570$, $s = 750$, $N = 1710$, $n = 240$.
(Bd. 12, Abb. 207.)

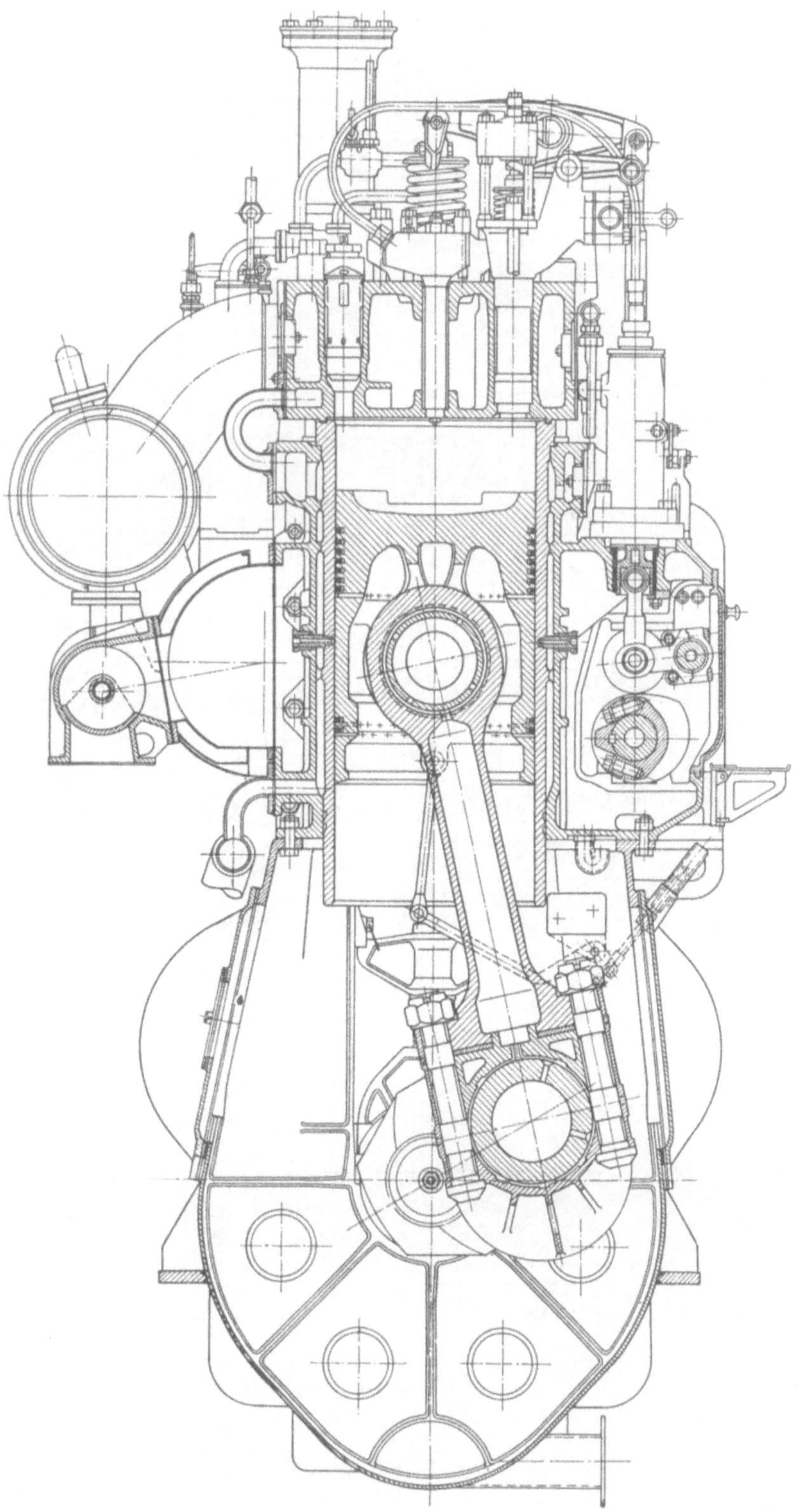

Abb. 130. Umsteuerbarer Krupp-Viertakt-Laderdiesel mit unmittelbarer Einspritzung.
$z = 6$, $D = 400$, $s = 460$, $N = 1380$, $n = 500$.
(Bd. 12, Abb. 209.)

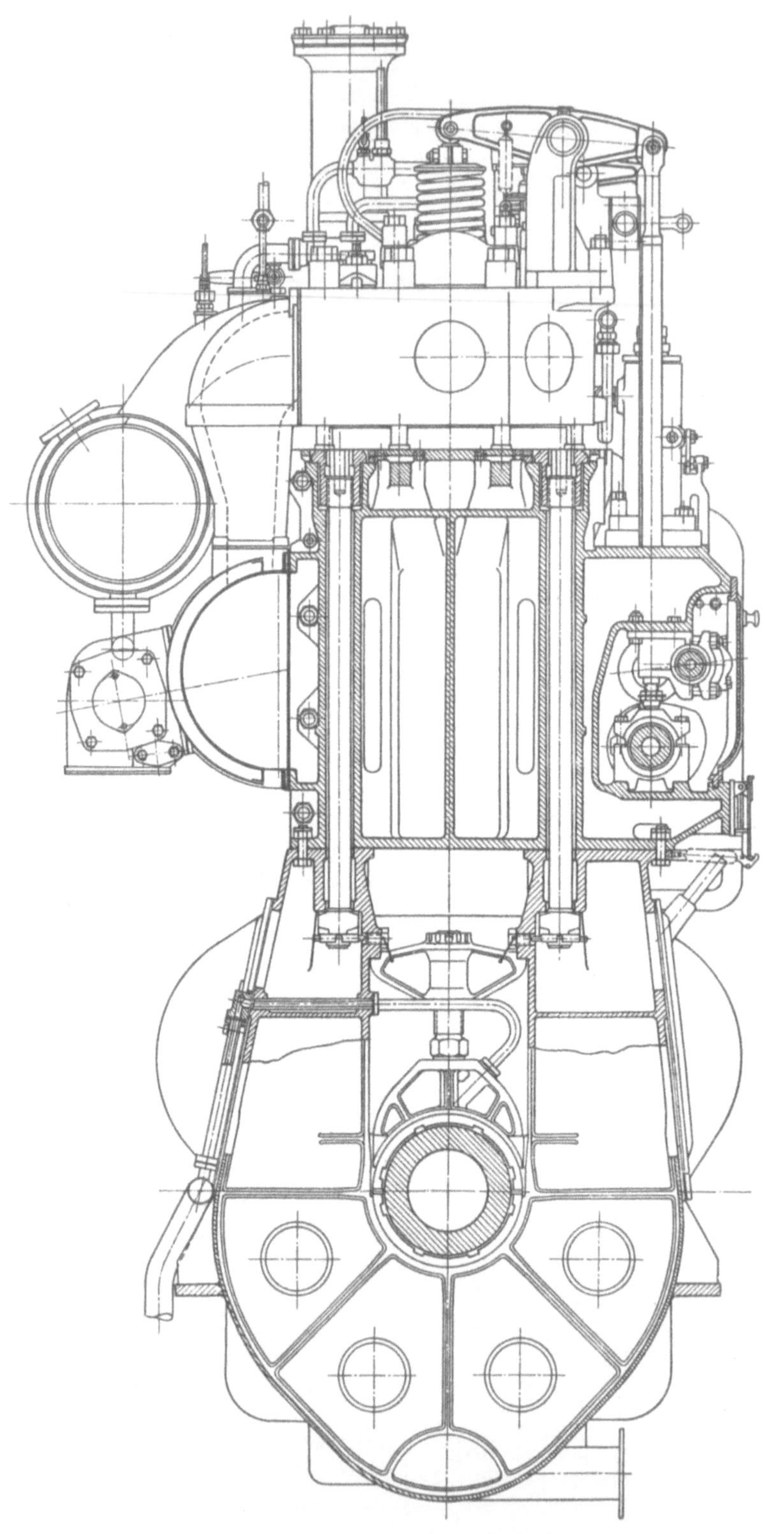

Abb. 131. Zu Abb. 130.
(Bd. 12, Abb. 210.)

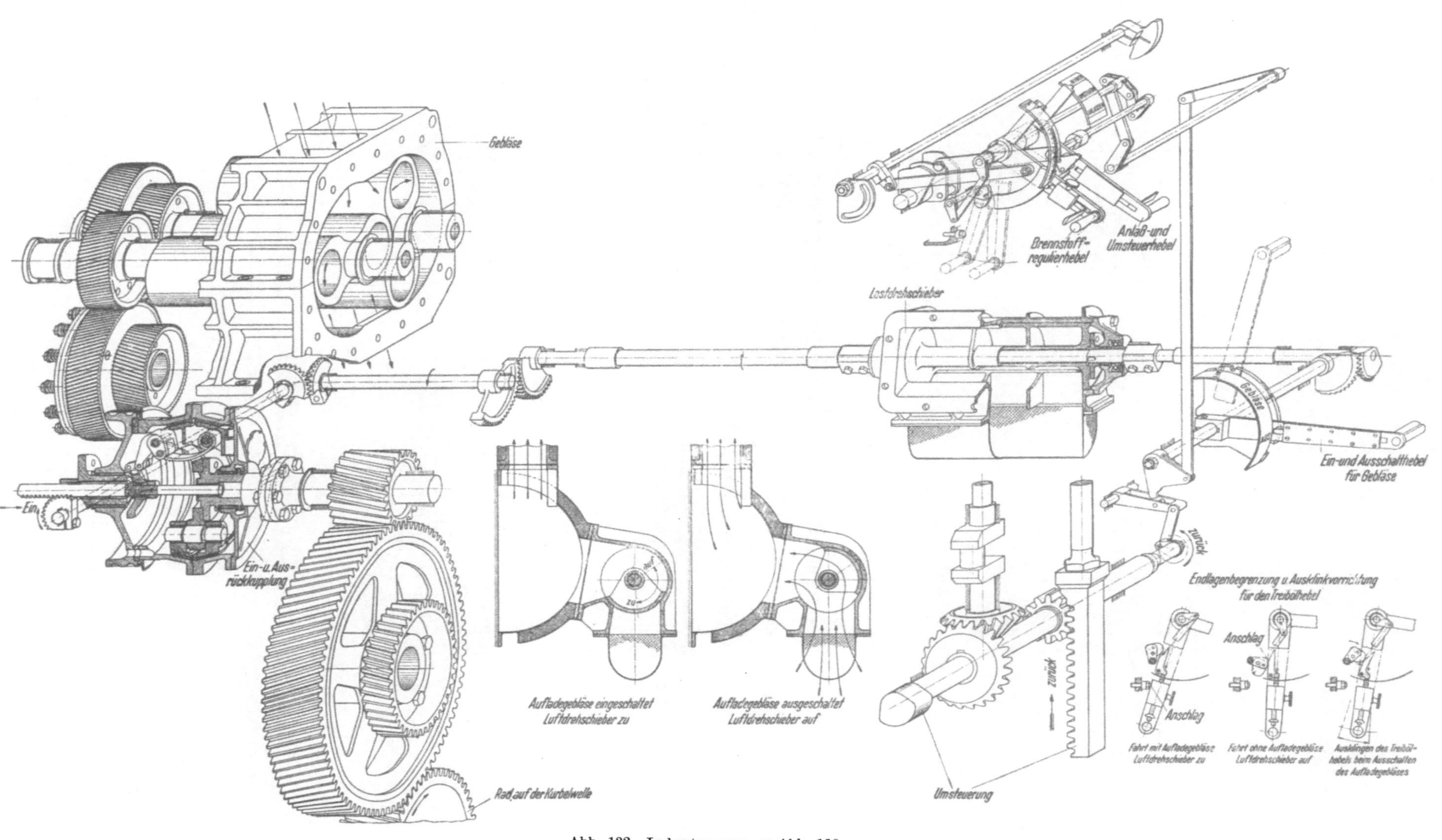

Abb. 132. Ladersteuerung zu Abb. 130.
(Bd. 12, Abb. 211.)

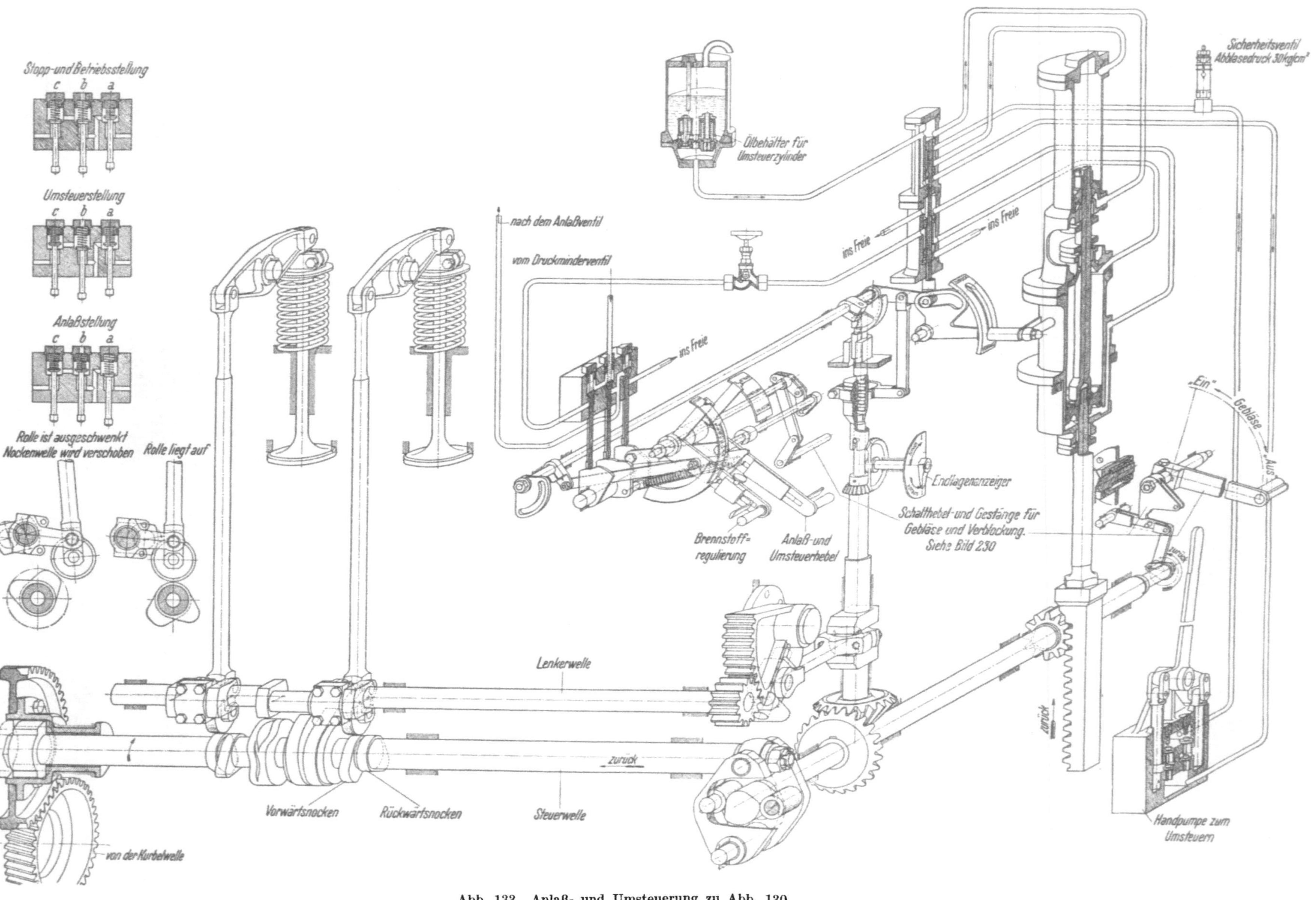

Abb. 133. Anlaß- und Umsteuerung zu Abb. 130.
(Bd. 12, Abb. 212.)

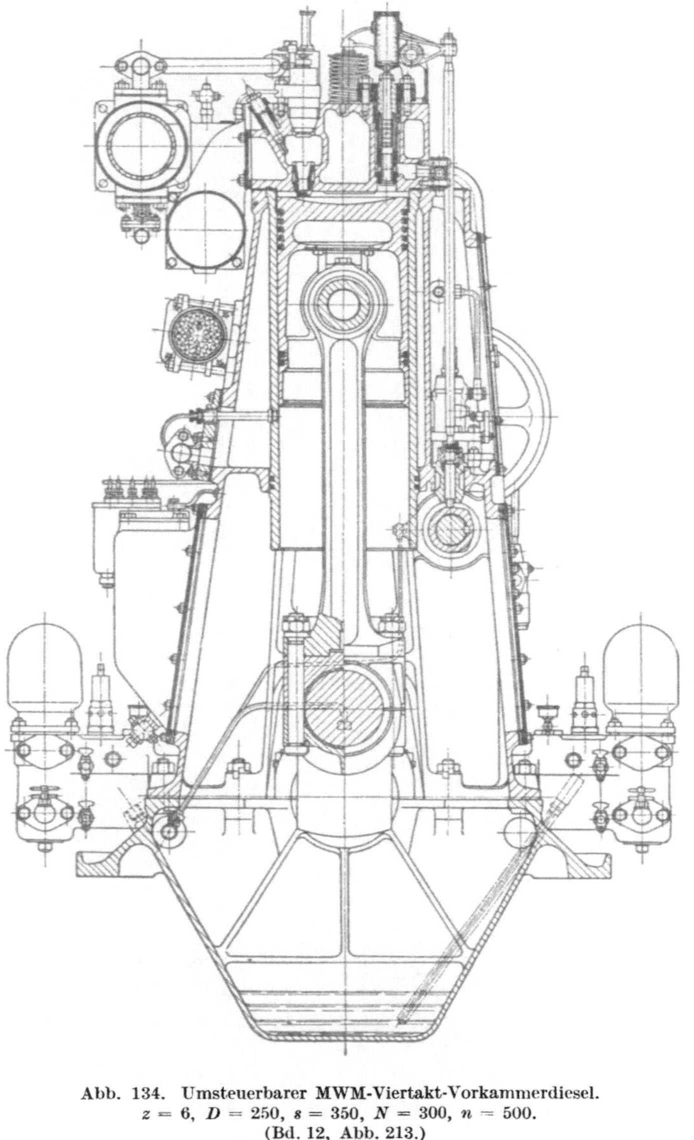

Abb. 134. Umsteuerbarer MWM-Viertakt-Vorkammerdiesel.
$z = 6$, $D = 250$, $s = 350$, $N = 300$, $n = 500$.
(Bd. 12, Abb. 213.)

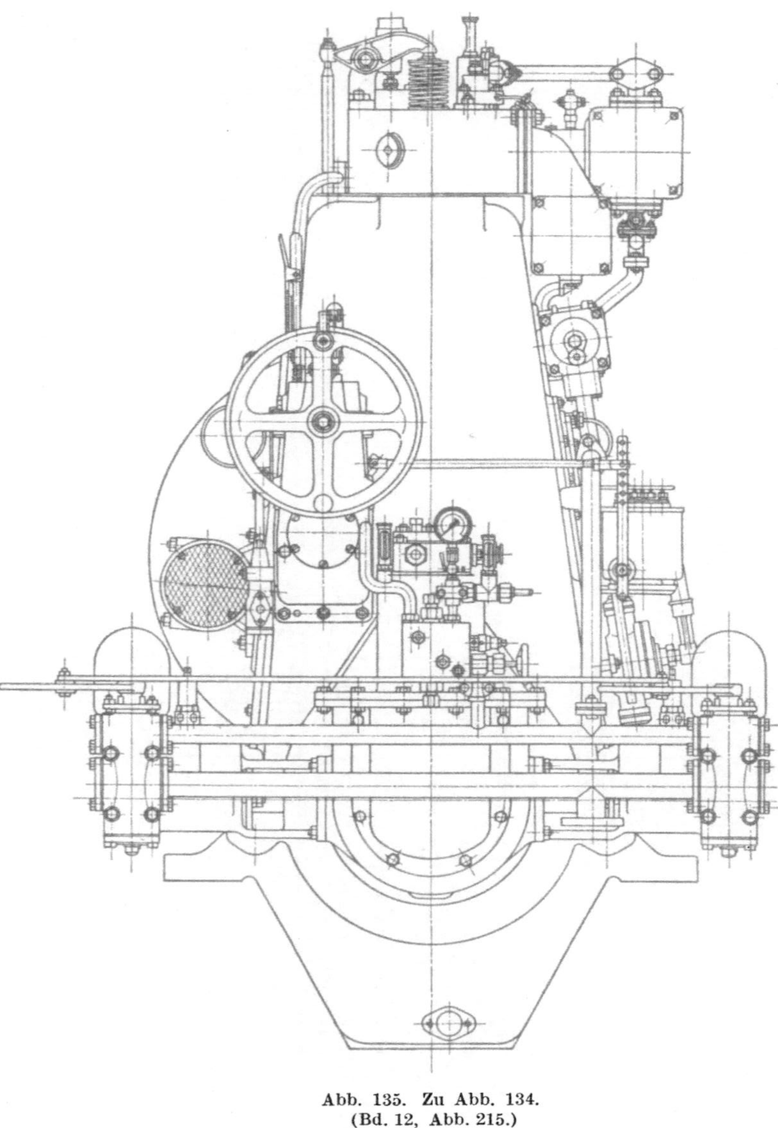

Abb. 135. Zu Abb. 134.
(Bd. 12, Abb. 215.)

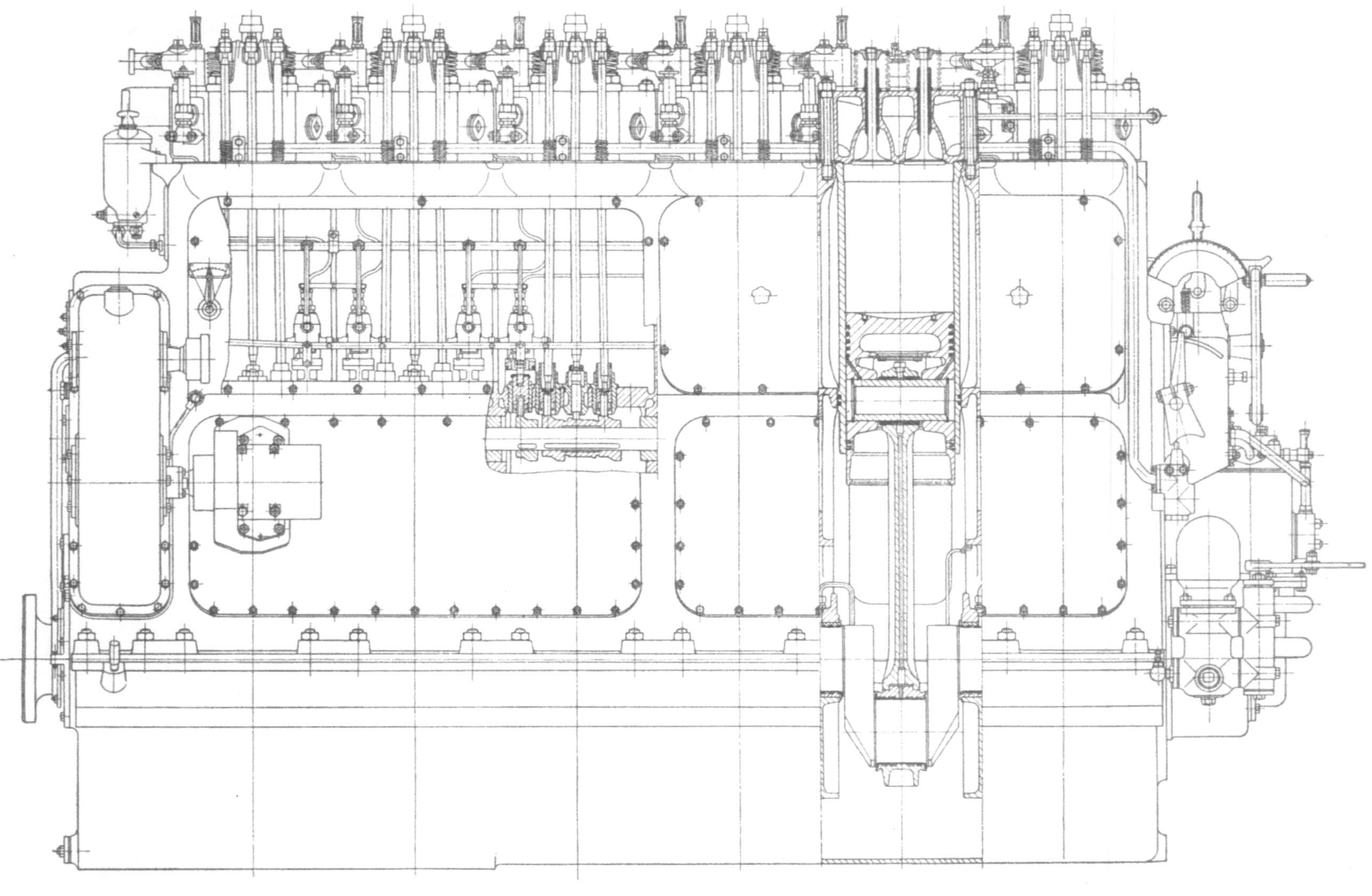

Abb. 136. Zu Abb. 134.
(Bd. 12, Abb. 214.)

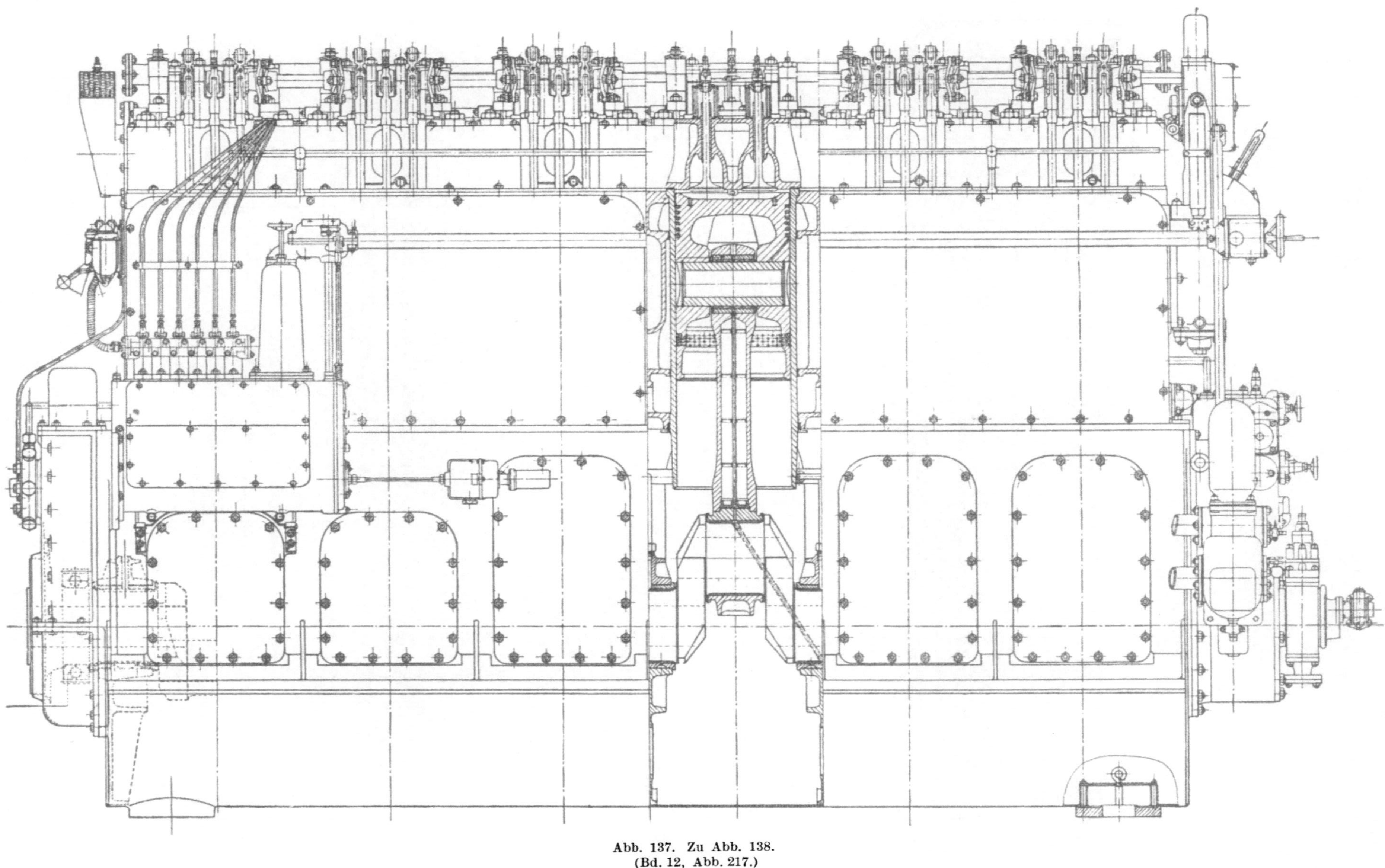

Abb. 137. Zu Abb. 138.
(Bd. 12, Abb. 217.)

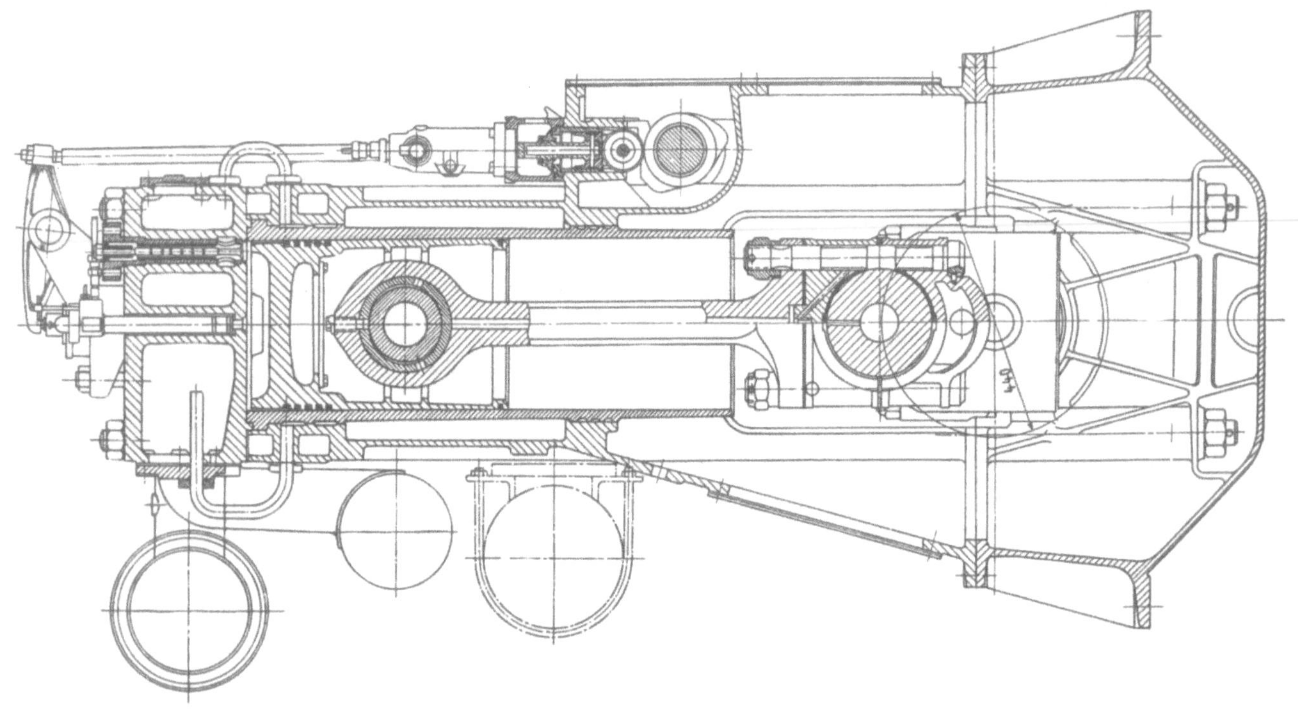

Abb. 139. Wumag-Viertaktdiesel mit unmittelbarer Einspritzung.
$z = 4$, $D = 325$, $s = 440$, $N = 380$, $n = 428$.
(Bd. 12, Abb. 221.)

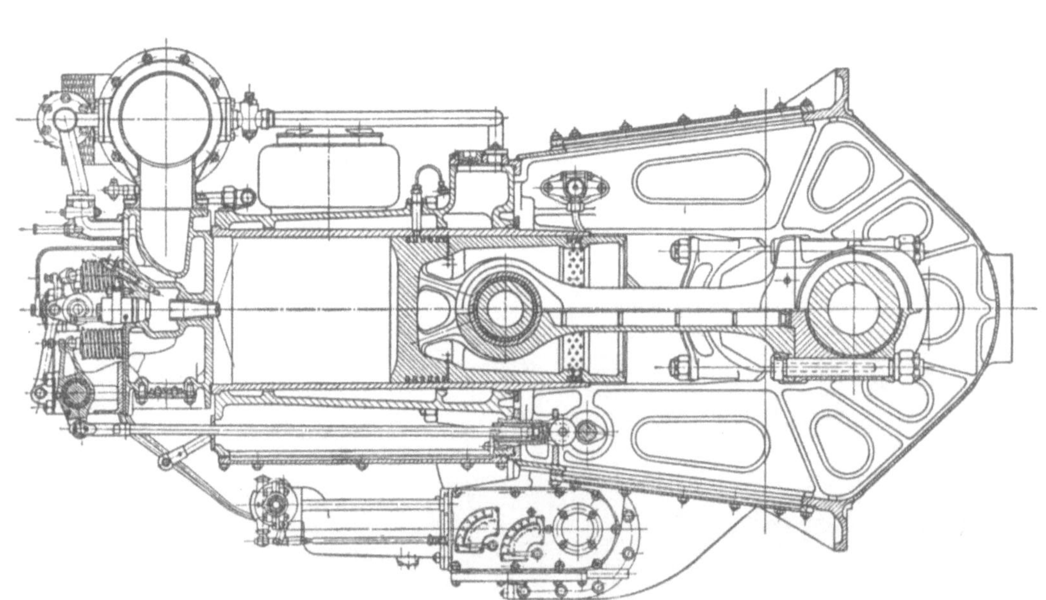

Abb. 138. Umsteuerbarer MWM-Viertakt-Vorkammerdiesel (s. Abb. 137).
$z = 6$, $D = 350$, $s = 430$, $N = 900$, $n = 600$.
(Bd. 12, Abb. 216.)

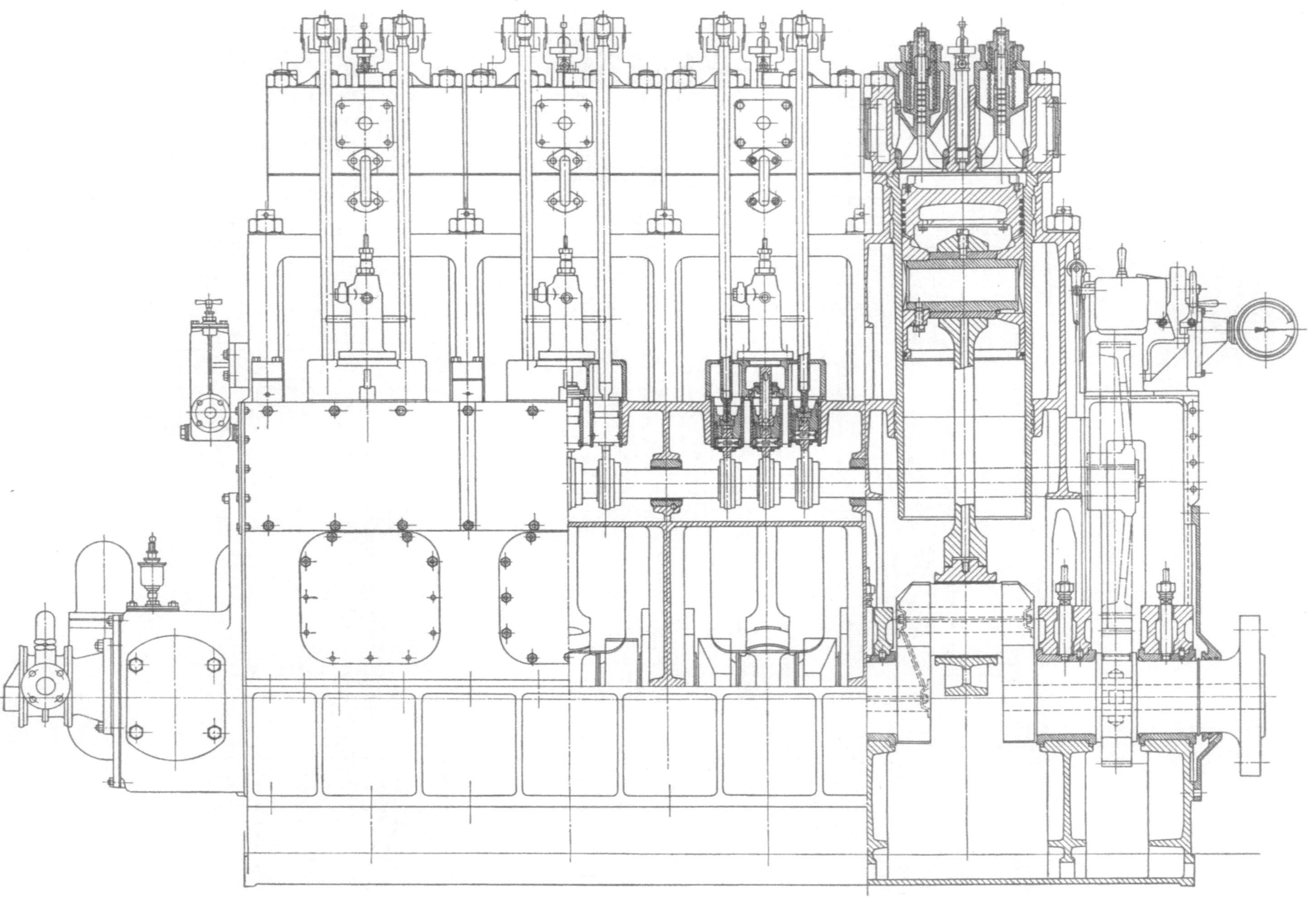

Abb. 140. Zu Abb. 139.
(Bd. 12, Abb. 222.)

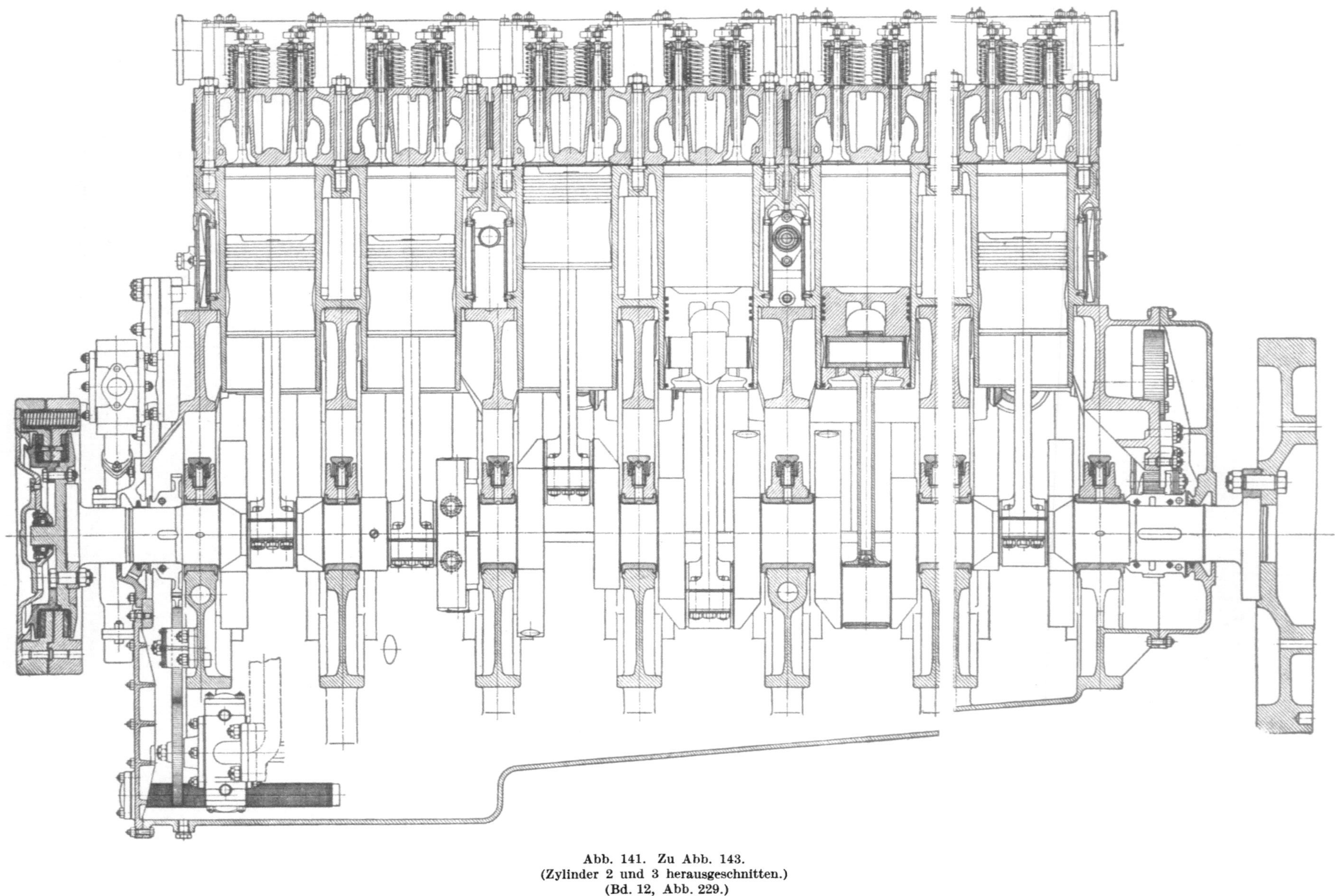

Abb. 141. Zu Abb. 143.
(Zylinder 2 und 3 herausgeschnitten.)
(Bd. 12, Abb. 229.)

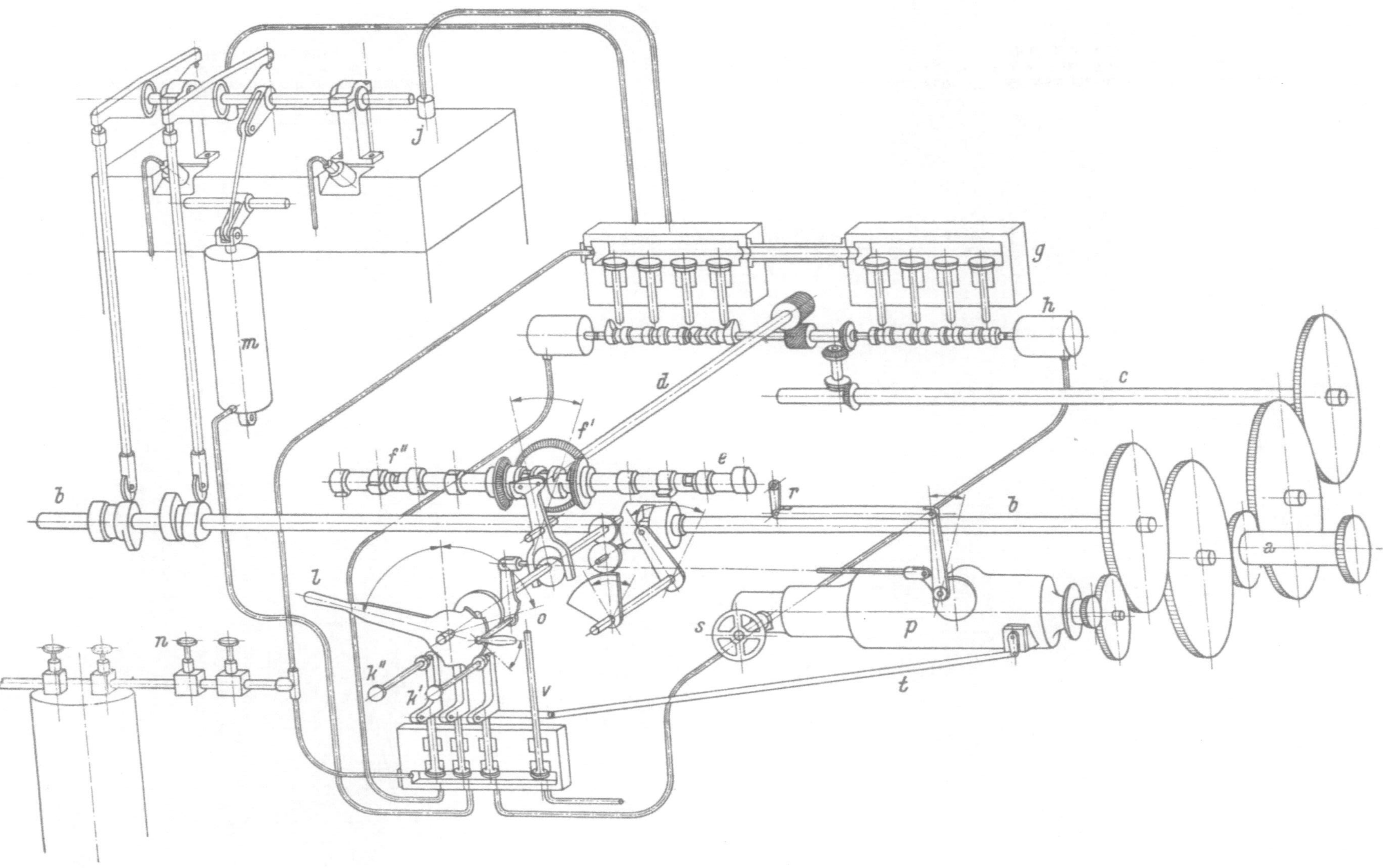

Abb. 142. Zu Abb. 143.
Anlaß- und Umsteuerung.

a Kurbelwellenende, *b* Steuerwelle, *c* Hilfswelle, *d* Vorgelegewelle zum Einspritzpumpenantrieb, *e* Nockenwelle der Einspritzpumpe, *f′* und *f″* Klauenkupplung der Nockenwelle *e*, *g* Anlaßventilgehäuse, *h* Luftzylinder zur Verschiebung der Nockenwelle der Anlaßventile, *j* Anlaßventil, *k′* und *k″* Anlaßdruckknöpfe zum Fahren voraus und zurück, *l* Umsteuerhebel, *m* Luftzylinder zum Heben der Ventilhebel, *n* Absperr- und Druckminderventil der Hauptluftleitung, *o* Kraftstoffhebel, *p* Regler, *r* Reglergestänge zur Füllungsregelung, *s* Handrad des Drehzahlbegrenzungsreglers, Verriegelungsgestänge der Umsteuerung, *v* Luftventil der Bremse.
(Bd. 12, Abb. 233.)

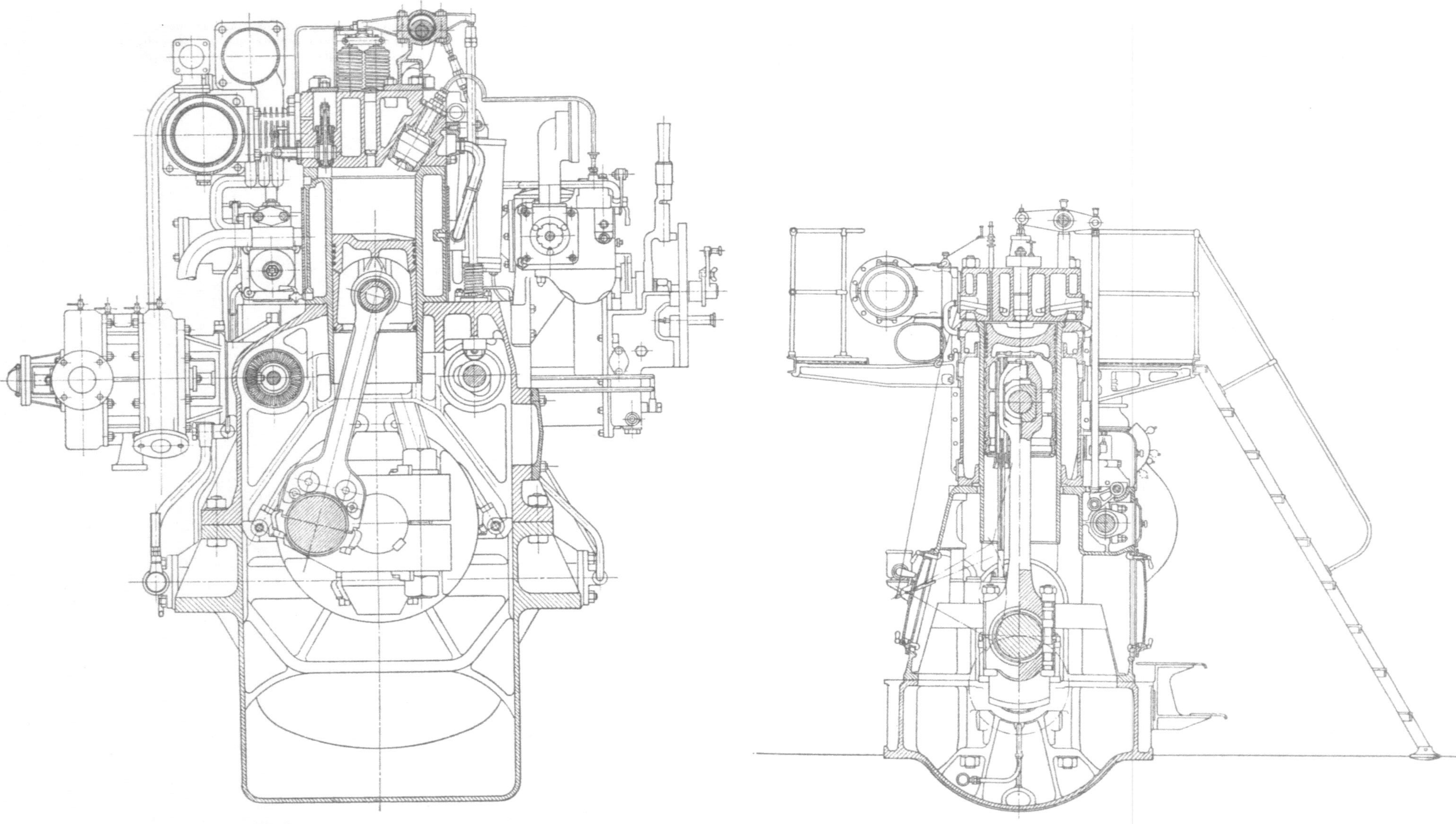

Abb. 143. Umsteuerbarer Ganz-Jendrassik-Viertakt-Vorkammerdiesel (s. Abb. 141 u. 142).
$z = 8$, $D = 216$, $s = 310$, $N = 400$, $n = 750$.
(Bd. 12, Abb. 228.)

Abb. 144. Sulzer-Viertaktdiesel mit unmittelbarer Einspritzung.
$z = 8$, $D = 500$, $s = 700$, $N = 1760$, $n = 250$.
(Bd. 12, Abb. 236.)

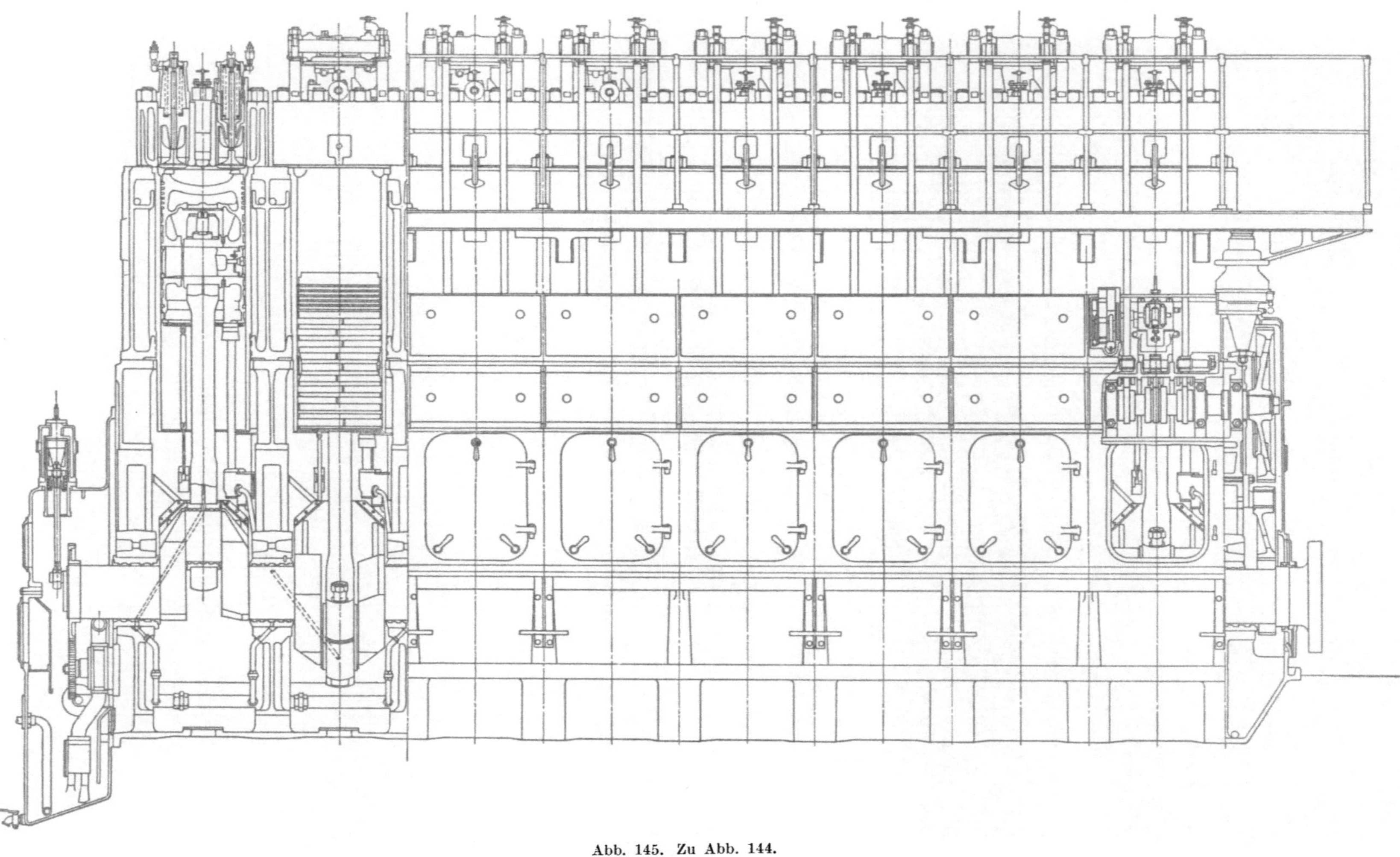

Abb. 145. Zu Abb. 144. (Bd. 12, Abb. 235.)

Abb. 146. Zu Abb. 144.
(Bd. 12, Abb. 237.)

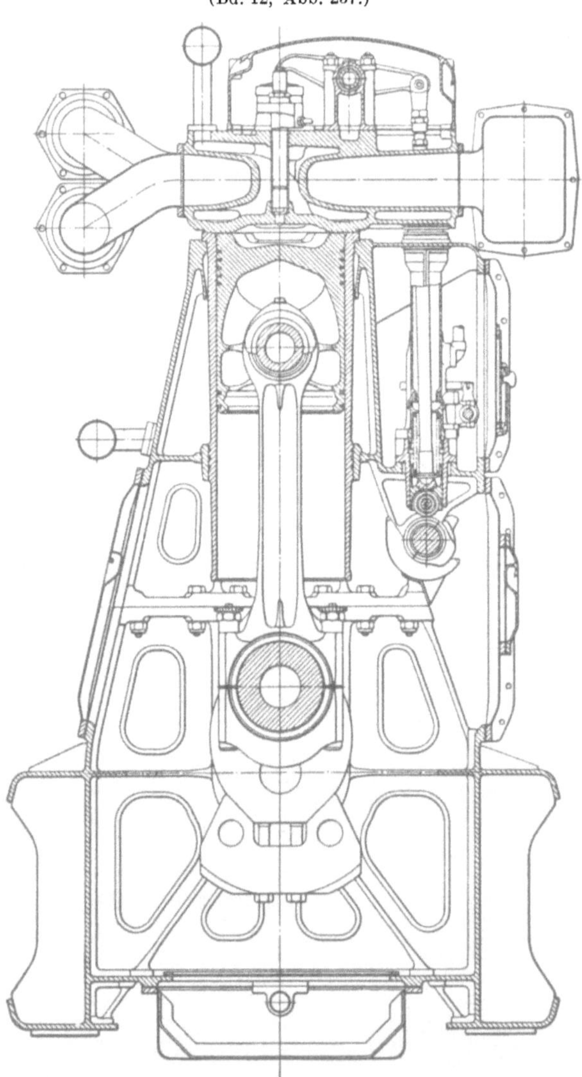

Abb. 147. Sulzer-Lokomotiv-Viertaktdiesel mit unmittelbarer Einspritzung und Abgasturbolader.
$z = 8$, $D = 280$, $s = 360$, $N = 1050$, $n = 660$.
(Bd. 12, Abb. 238.)

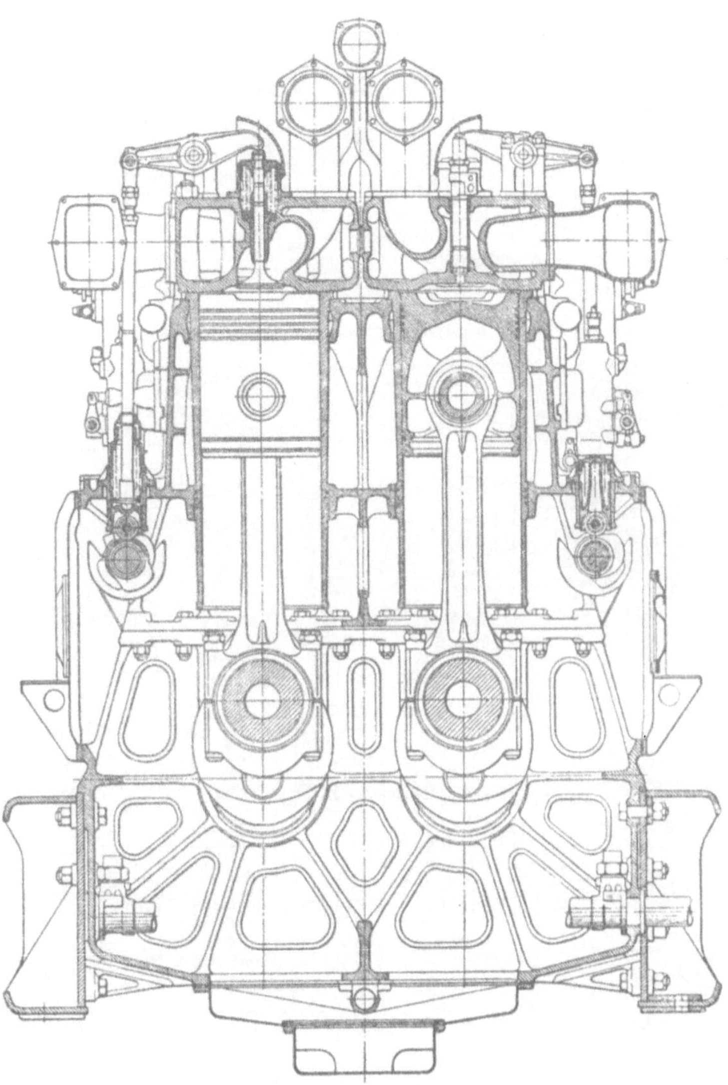

Abb. 148. Sulzer-Lokomotiv-Viertaktdiesel mit unmittelbarer Einspritzung und Abgasturbolader.
$z = 12$, $D = 310$, $s = 390$, $N = 1900$, $n = 620$.
(Bd. 12, Abb. 240.)

Abb. 149. Zu Abb. 148.
(Bd. 12, Abb. 241.)

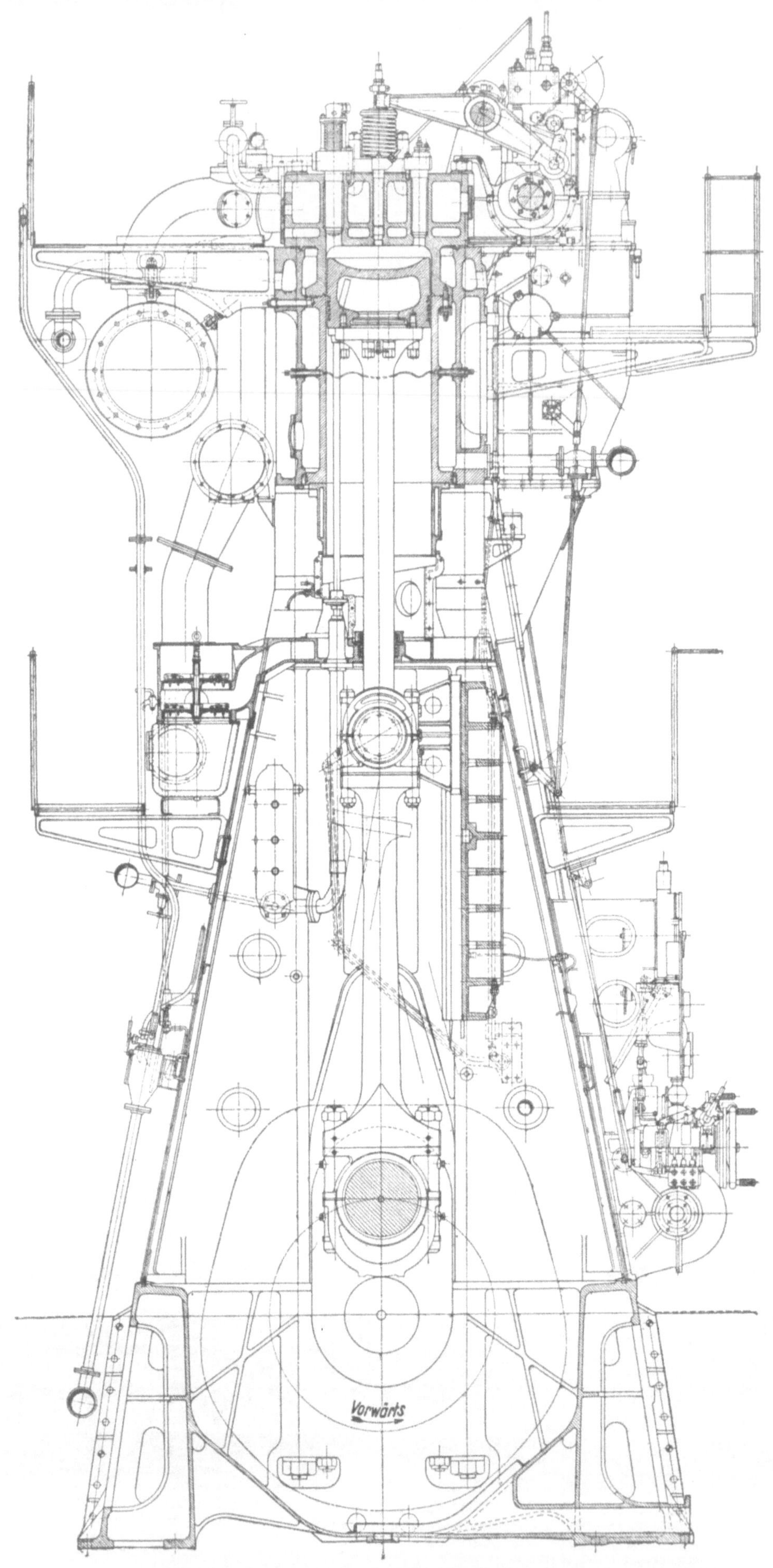

Abb. 150. MAN-Viertaktdiesel mit unmittelbarer Einspritzung.
$z = 6$, $D = 650$, $s = 1400$, $N = 1950$, $n = 115$.
(Bd. 12, Abb. 264.)

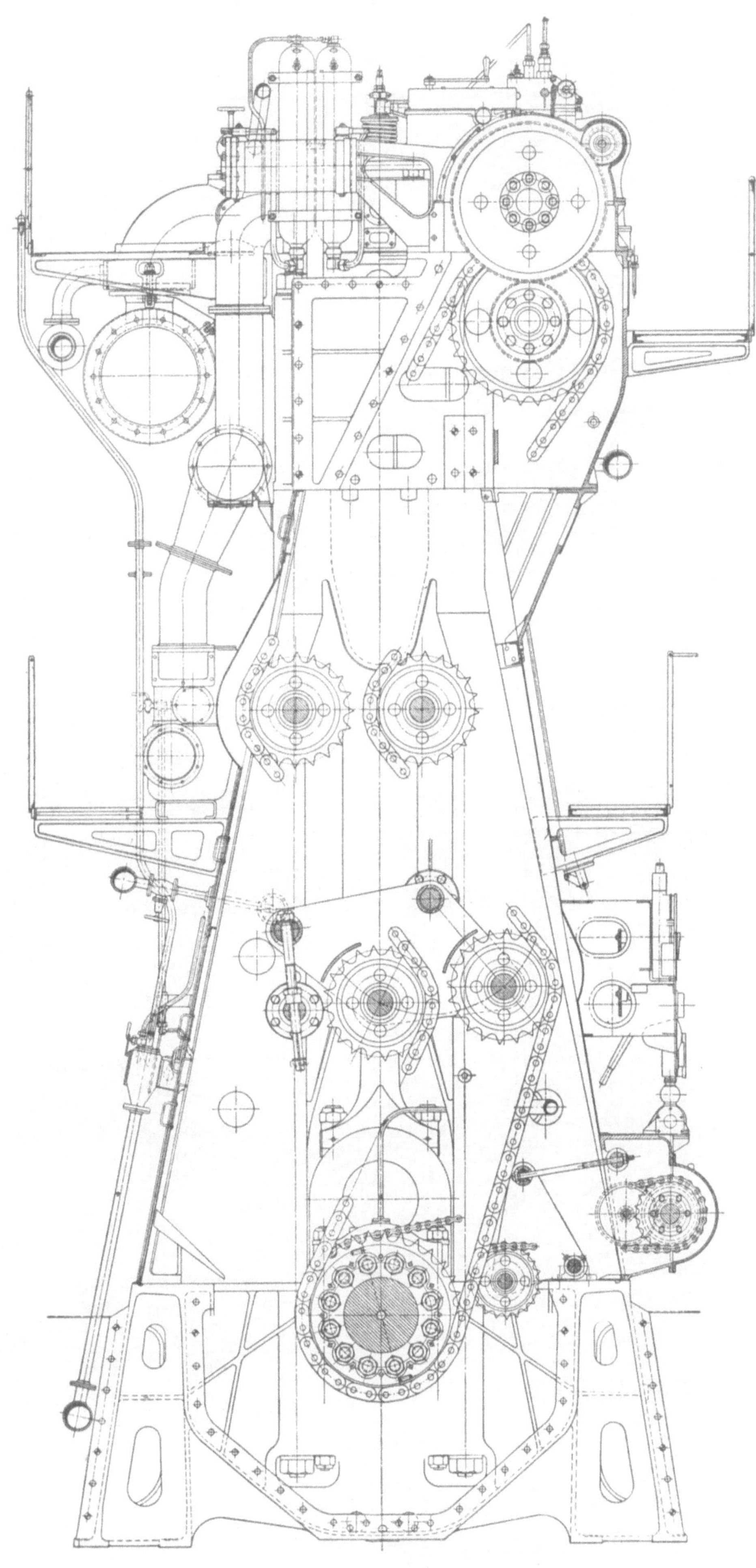

Abb. 151. Zu Abb. 150.
(Bd. 12, Abb. 265.)

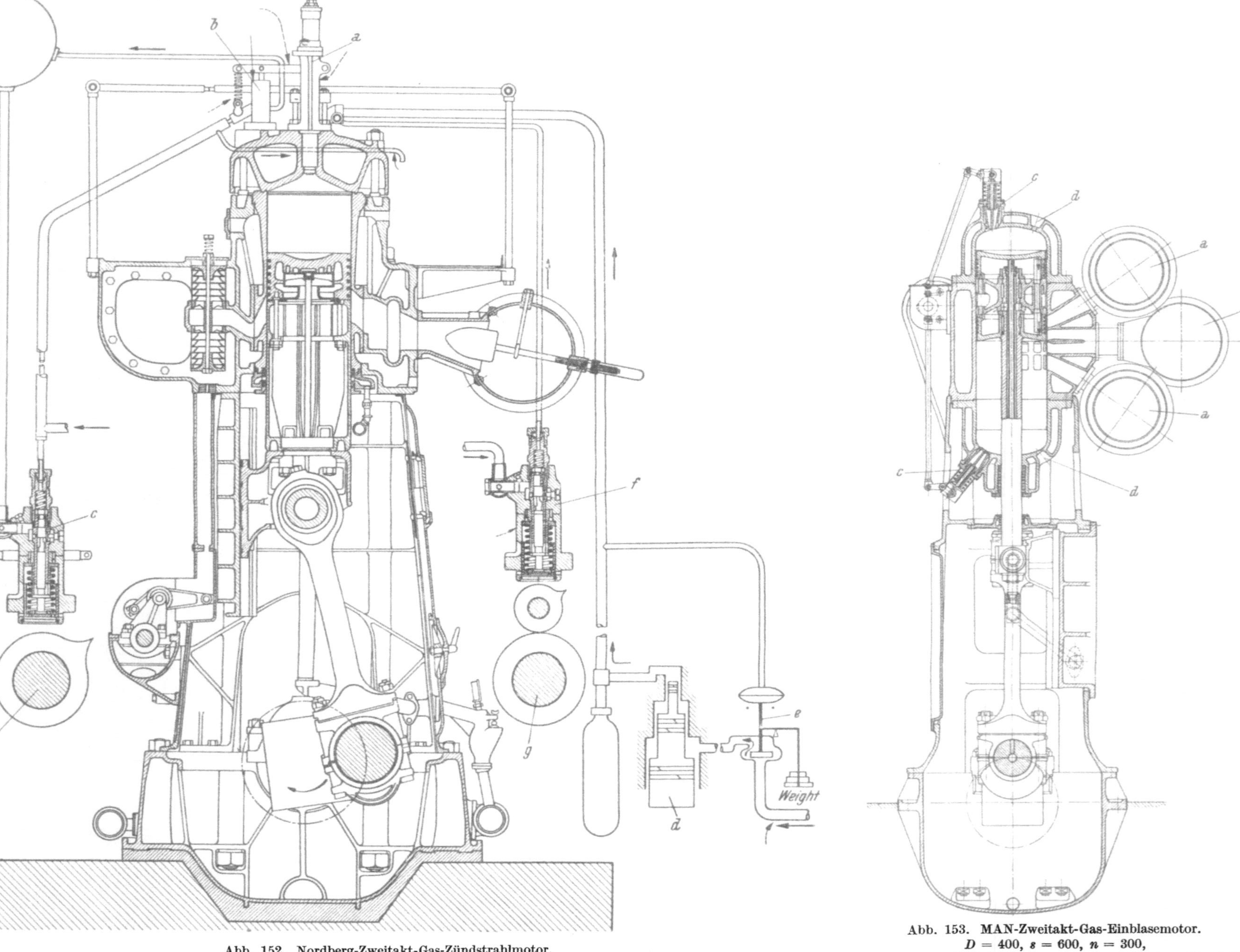

Abb. 152. Nordberg-Zweitakt-Gas-Zündstrahlmotor.
$z = 8$, $D = 432$, $s = 630$, $N = 1660$, $n = 225$.
a Einblaseventil, *b* Druckkolben, *c* Öldruckpumpe, *d* Gasverdichter, *e* Druckregler, *f* Zündölpumpe, *g* Steuerwelle.
(Bd. 5, Abb. 169.)

Abb. 153. MAN-Zweitakt-Gas-Einblasemotor.
$D = 400$, $s = 600$, $n = 300$,
a Abgasleitung, *b* Spülluftleitung, *c* Gaseinblaseventil, *d* Zünd-
kerzensitz.
(Bd. 5, Abb. 170.)

Berg- und Hüttenmännische Monatshefte der Montanistischen Hochschule in Leoben. Schriftleitung: **W. Petrascheck**, Leoben. Erscheint wieder seit 1947. 1948: 93. Jahrgang. Erscheint monatlich.　　　Halbjährlich in Österreich S 48.—, im Ausland sfr. 24.—

Betrieb und Fertigung. Zeitschrift für Werksleiter, Konstrukteure, Betriebsingenieure, Techniker, Werkmeister und Abnahmebeamte. Schriftleitung: **L. Tschirf**, Wien. Erscheint seit Juli 1947. 1948: 2. Jahrgang. Erscheint monatlich.
　　　Halbjährlich in Österreich S 36.—, im Ausland sfr. 24.—

E und M Elektrotechnik und Maschinenbau. Organ des Elektrotechnischen Vereines Österreichs. Schriftleitung: **L. Kneissler**, Wien. Erscheint wieder seit 1946. 1948: 64. Jahrgang. Erscheint monatlich.
　　　Halbjährlich in Österreich S 36.—, im Ausland sfr. 16.—

M und W Maschinenbau und Wärmewirtschaft mit Lokomotiv- und Fahrzeugbau. Organ der Fachgruppe Maschinenbau des Österr. Ingenieur- und Architekten-Vereines in Wien. Schriftleitung: **C. Kämmerer**, Wien. Erscheint seit Juli 1946. 1948: 3. Jahrgang. Erscheint monatlich.
　　　Halbjährlich in Österreich S 36.—, im Ausland sfr. 24.—

Österreichische Bauzeitschrift. Organ der Fachgruppen für Bauwesen des Österr. Ingenieur- und Architekten-Vereines in Wien, sowie des Österr. Betonvereines, des Österr. Wasserwirtschaftsverbandes und der Städtischen Prüf- und Versuchsanstalt für Bauwesen, Wien. Schriftleitung: **E. Czitary**, Wien. Erscheint seit Juli 1946. 1948: 3. Jahrgang. Erscheint monatlich.　　　Halbjährlich in Österreich S 36.—, im Ausland sfr. 24.—

Geologie und Bauwesen. Zeitschrift für die Pflege der Wechselbeziehungen zwischen Geologie, Gesteinskunde, Bodenkunde usw. und sämtlichen Zweigen des Bauwesens. Herausgegeben von **J. Stiny**, Wien. *Erscheint vierteljährlich in Heften von je etwa 3 Bogen Umfang, die einzeln berechnet werden.* Zuletzt erschien:
Bd. 16, H. 2 (abgeschlossen im Juni 1947).　　　In Österreich S 9.60, im Ausland sfr. 6.—
Bd. 16, H. 3 erscheint im Oktober 1948.

Österreichisches Ingenieur-Archiv. Schriftleitung: **F. Magyar**, Wien, und **K. Wolf**, Wien. *Erscheint zwanglos in einzeln berechneten Heften wechselnden Umfanges, die zu Bänden von 300—400 Seiten vereinigt werden.* Zuletzt erschien:
Bd. 2, H. 4 (abgeschlossen im Juli 1948).　　　In Österreich S 34.—, im Ausland sfr. 16.—

OTF Österreichische Zeitschrift für Telegraphen-, Telephon-, Funk- und Fernsehtechnik. Organ der Post- und Telegraphenverwaltung unter Mitarbeit des Schwachstrominstitutes der Technischen Hochschule in Wien. Schriftleitung: **V. Petroni**, Wien. Erscheint seit Juli 1947. 1948: 2. Jahrgang. Erscheint zweimonatlich.
　　　Halbjährlich in Österreich S 36.—, im Ausland sfr. 24.—

OZE Österreichische Zeitschrift für Elektrizitätswirtschaft. Herausgegeben vom Fachverband der Elektrizitätswerke Österreichs. Schriftleitung: **K. Selden**, Wien. Erscheint ab Juli 1948. 1948: 1. Jahrgang. Erscheint monatlich.
　　　Halbjährlich in Österreich S 36.—, im Ausland sfr. 16.—

Zeitschrift des Österr. Ingenieur- und Architekten-Vereines. Schriftleitung: **F. Willfort**, Wien. Erscheint wieder seit 1946. 1948: 93. Jahrgang. Erscheint 14tägig.
　　　Halbjährlich in Österreich S 36.—, im Ausland sfr. 16.—